I0045961

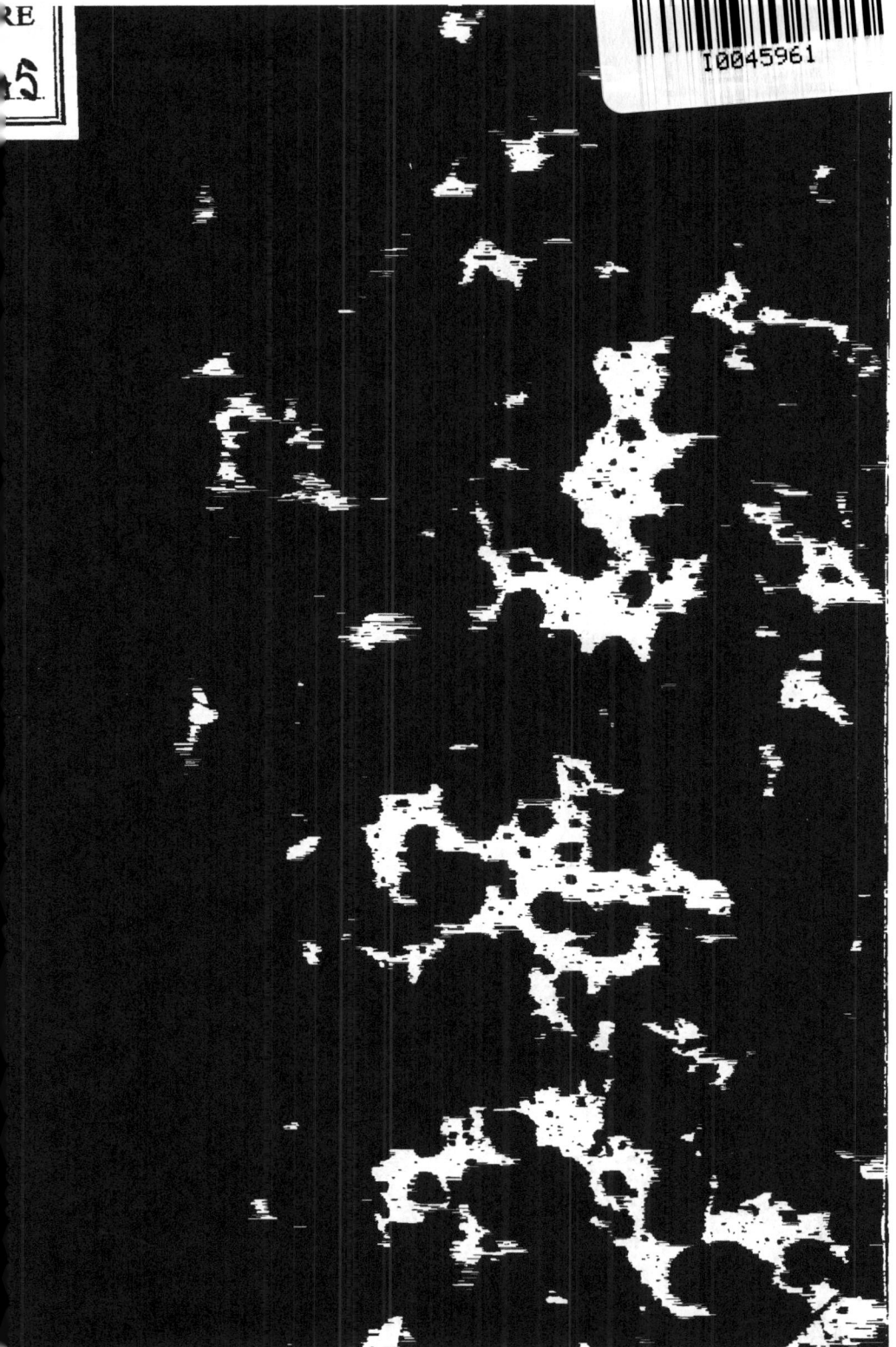

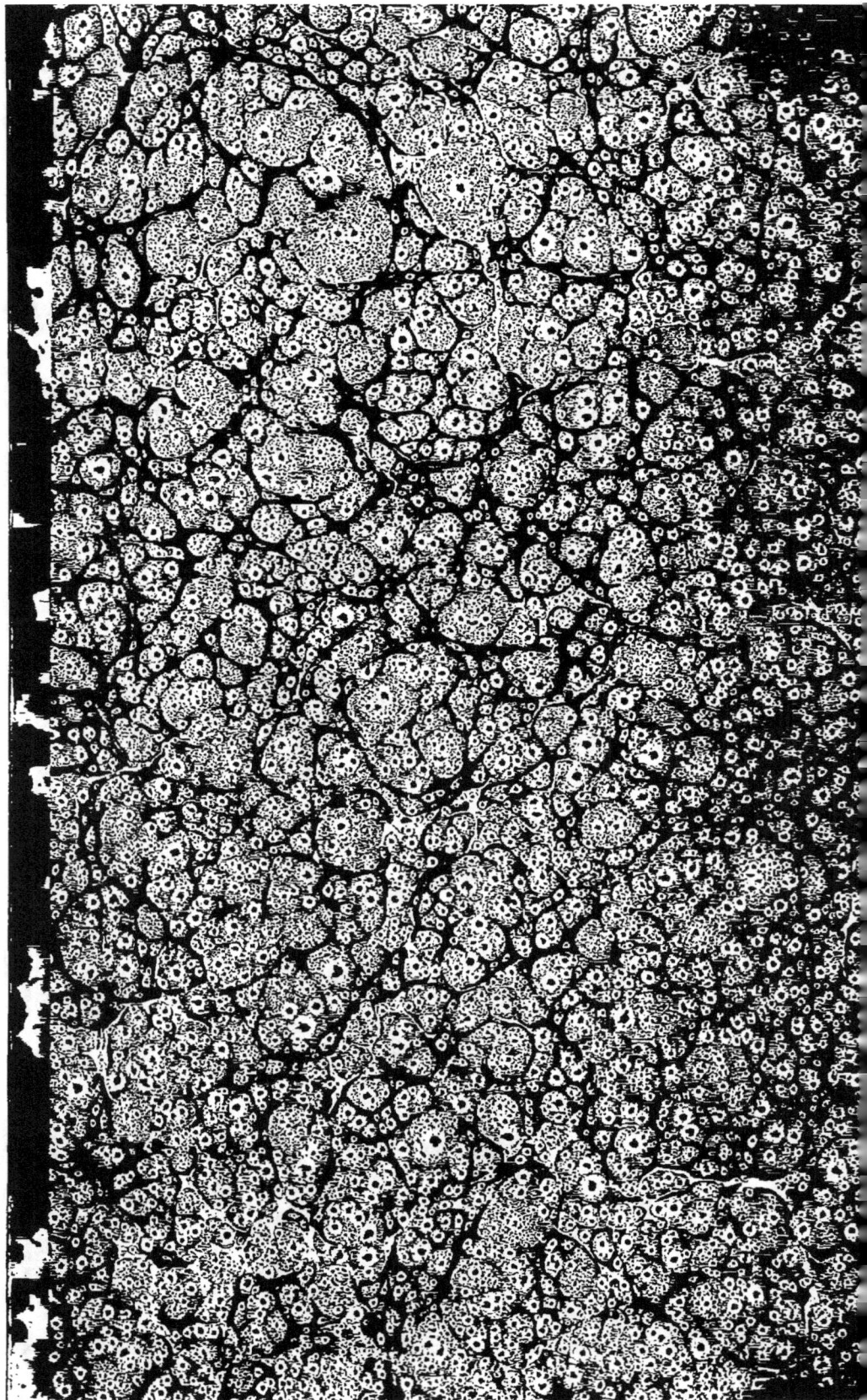

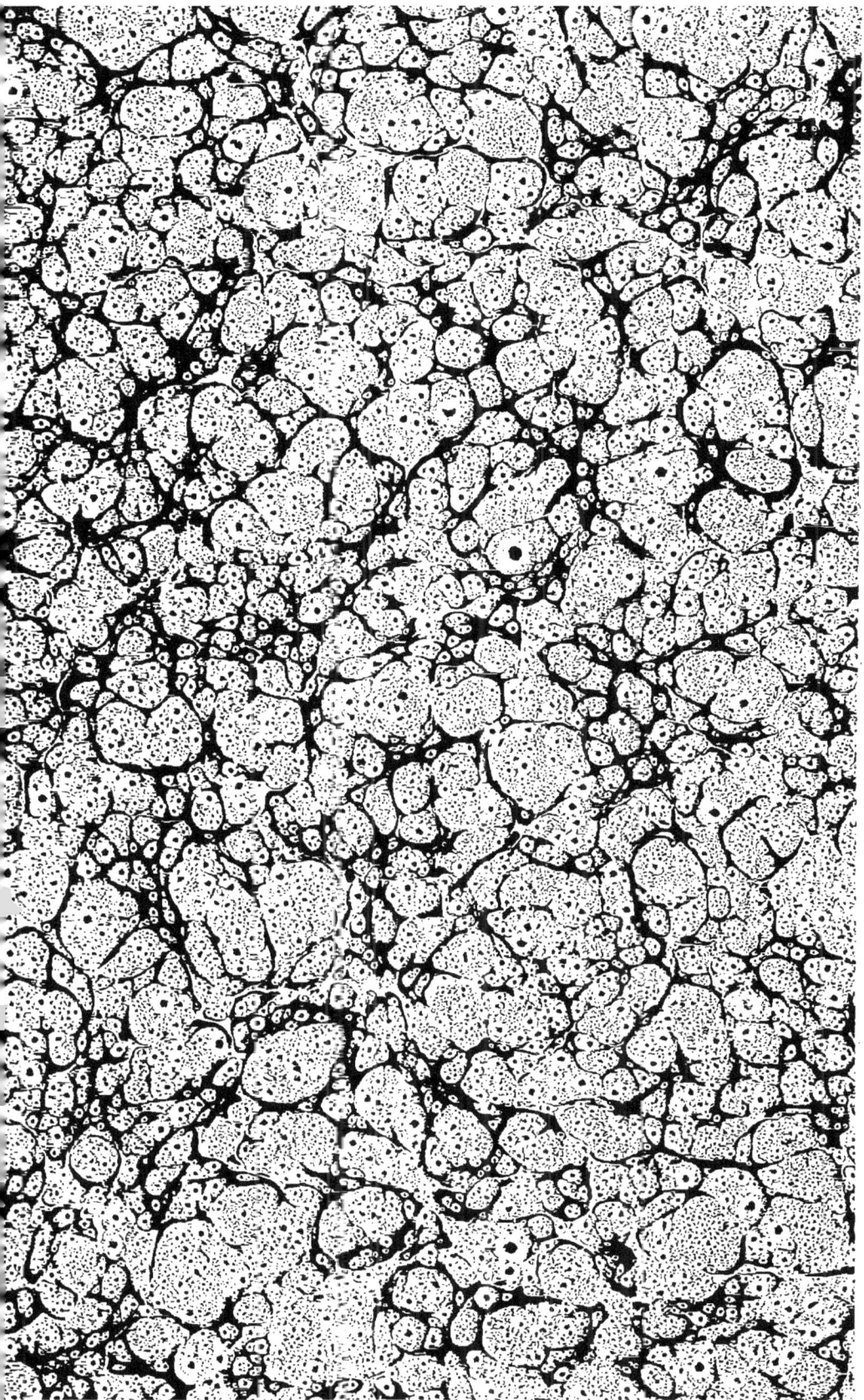

S

MANUEL

DE

L'ÉLEVEUR DE CHEVAUX.

Impr. de P. Noubel, à Agen.

Formes extérieures du Cheval.

1. Le Toupet
2. Le Front
3. Le Chanfrein
4. l'Œil
5. La Joue
6. Le bout du Nez
7. La Bouche
8. Le Menton
9. La Ganache
10. La Gorge
11. l'Encolure
12. La Crinière
13. Le Poitrail
14. Le Garrot
15. Le Garrot
16. Le Mouton
17. l'Ouverte
18. Le Dos
19. Les Reins
20. Le Ventre
21. Le Flanc

21. Le Corps
22. La Bouche
23. La Fesse
24. La Queue
25. l'Épaule
26. Le Bras
27. l'avant-bras
28. Le Coude
29. Le Genou
30. Le Canon
31. Le Tendon
32. Le Fanon
33. Le Boulet
34. Le Paturon
35. La Couronne
36. Le Pied
37. La Cuisse
38. Le Grasset
39. La Jambe
40. Le Jarret

AD. MAGEN

MANUEL

DE

L'ÉLEVEUR DE CHEVAUX

OU

EXPOSITION SIMPLE

Des Principes les plus rationnels d'élevage et des règles qui doivent guider les
Propriétaires dans les soins à donner aux Poulinières et à leurs produits,

PAR M. GOUX,

VÉTÉRINAIRE DU DÉPARTEMENT DE LOT-ET-GARONNE.

OUVRAGE ADOPTÉ

Par le Conseil général de Lot-et-Garonne, par la Société d'Agriculture, Sciences et Arts d'Agen, et par la Société
Vétérinaire du département.

AGEN,

CHEZ BERTRAND, LIBRAIRE.

1849.

EXTRAIT

DU

RAPPORT DE M. LE PRÉFET

AU CONSEIL GÉNÉRAL

DU DÉPARTEMENT DE LOT-ET-GARONNE.

———

(2me *Session.* — 21 Novembre 1848).

« L'an dernier, le Conseil général engagea M. Goux à rédiger un petit Manuel simple et résumé pour guider les éleveurs dans leurs essais relatifs à l'élève des chevaux dans le département.

« Ce praticien s'est fait un devoir de se conformer à ce vœu. Je place sous vos yeux son opuscule, accompagné d'un rapport explicatif.

« J'ai lu ce travail avec intérêt et j'y ai trouvé des notions très utiles. Votre commission d'agriculture sera appelée à vous en proposer, s'il y a lieu, l'impression. Il y aurait alors nécessité de voter un crédit, dont je ne puis vous donner aujourd'hui le chiffre : il dépend du nombre d'exemplaires dont vous déciderez le tirage. »

———

EXTRAIT

DU

PROCÈS-VERBAL DE LA SEPTIÈME SÉANCE

DU CONSEIL GÉNÉRAL.

(27 Novembre 1848).

⟶❦⟵

« Le Conseil général, sur la proposition de M. le Préfet et le rapport de la commission d'agriculture,

« Alloue la somme de 120 francs pour impression du *Manuel de l'éleveur* par M. Goux, vétérinaire, à 500 exemplaires, qui devront être distribués notamment aux comices agricoles et aux propriétaires des poulains et juments primés ;

« Il fait mention honorable du *Traité sur l'élève du cheval dans le Lot-et-Garonne*, par M. Goux, vétérinaire du département ;

« Et demande l'impression de cet ouvrage sur les fonds votés pour la Société vétérinaire. »

SOCIÉTÉ VÉTÉRINAIRE DU DÉPARTEMENT

DE LOT-ET-GARONNE.

—◦❦❦❦❦◦—

Procès-Verbal de la Séance du 11 Décembre 1848.

—◦❦❦❦❦◦—

« Considérant que le but principal où tendent ses travaux est la solution de toutes les questions d'économie rurale dans leurs rapports avec la science vétérinaire et dans leurs applications probables aux intérêts du département ;

« Considérant que, en rédigeant un *Traité sur l'élève du cheval*, M. Goux a eu en vue de concourir au but proposé ;

« La Société vétérinaire de Lot-et-Garonne adopte cet ouvrage à cause des aperçus qu'il contient sur l'industrie chevaline, et surtout pour les conseils utiles qu'il renferme et qui le recommandent auprès de tous les éleveurs de chevaux. »

SOCIÉTÉ D'AGRICULTURE,

SCIENCES ET ARTS D'AGEN.

☙❀❧

Procès-Verbal de la Séance du 16 Décembre 1848.

◦—❀❀❀—◦

« La Société, après avoir entendu le rapport
de la commission nommée pour examiner l'ouvrage de M. Goux, vétérinaire du département, sur
l'élève du cheval, donne son approbation complète aux principes développés dans ce travail
et aux indications qui s'y trouvent consignées ;
ces indications lui paraissent devoir exercer une
influence utile sur l'industrie chevaline, particulièrement dans le département de Lot-et-Garonne. »

AVANT - PROPOS.

L'industrie chevaline est encore arriérée dans la plupart des départements méridionaux. Cet état d'infériorité tient à des causes générales, liées elles-mêmes aux conditions agricoles dans lesquelles ils se trouvent placés. Cependant on peut dire avec certitude que cette infériorité dépend surtout de l'impéritie dans l'élevage, impéritie d'autant plus regrettable qu'elle paralyse les ressources dont les éleveurs disposent.

Le cheval est la bête de commun service qui se vend le plus, a dit Olivier de Serres. On le reconnaît, et néanmoins beaucoup de personnes, qui par goût se livreraient à l'élève du cheval, préfèrent l'industrie mulassière, parceque, étant d'ailleurs très fructueuse, elle est surtout plus aisée.

Tout le monde peut élever un mulet. Cet animal s'entretient et grandit seul, presque sans précautions, comme une plante vivace abandonnée à elle-même. Le cheval, moins rustique, moins facile à nourrir et à élever, réclame des soins soutenus, une surveillance attentive, de la science en un mot, pour arriver à ce point où il indemnise largement des avances qu'on a faites. Aussi recule-t-on souvent devant l'appréhension des difficultés et des chances d'accidents attachées à l'entretien des poulinières ou à l'éducation des poulains.

Quant aux propriétaires qui, malgré tout, s'adonnent de préférence à l'industrie des chevaux, la plupart s'y livrent en aveugles. Bien peu se demandent comment il faut élever et quelles sont les règles à suivre pour élever avec fruit et convenance, et ils arrivent à de pauvres résultats.

Que manque-t-il aux uns et aux autres ? Le savoir-faire puisé dans un MANUEL *précis* où la science de la production et de l'éducation du cheval soit rendue populaire et accessible à toutes les intelligences.

Sur la proposition de M. de Beaumont, le Conseil général du département de Lot-et-Garonne, dans la session de 1847, me chargea de rédiger cette Instruction.

Je dus accepter cette tâche dans l'accomplissement de laquelle je n'ai poursuivi qu'un but : l'utilité. Si j'ai atteint ce but, — les résultats me l'apprendront, — j'aurai accompli cette tâche au-delà de mes désirs.

GOUX.

Agen, 1er janvier 1849.

APHORISMES.

L'agriculture gagne à élever des chevaux, et elle pourrait gagner plus qu'elle ne fait, si cette élève était conduite d'une manière mieux entendue.

HUZARD.

(Des haras domestiques en France.)

Le seul moyen d'obtenir des résultats satisfaisants et durables est d'éclairer les producteurs et de leur démontrer tous les avantages qu'ils doivent trouver dans un meilleur choix de juments et d'étalons, et dans le perfectionnement des soins à donner à leurs élèves.

DE GRAMMONT.

(De l'amélioration des chevaux en France.)

L'argent ne fait pas l'animal, c'est la nourriture et la science de la production.

RICHARD.

(Propagateur agricole du Cantal.)

Toute industrie, pour être profitable, doit être conduite avec intelligence ; les résultats dépendent de sa direction bonne ou mauvaise.

LÉONARD GRABIAS.

(Traité élémentaire d'agriculture pratique.)

Les propriétaires ont le pouvoir de faire bien ; mais ce qui leur manque, c'est le savoir et le vouloir.

JULES MARTINELLI.

(Manuel d'agriculture.)

MANUEL

DE

L'ÉLEVEUR DE CHEVAUX.

❧

CHAPITRE PREMIER.

§ I.

Espèce de Chevaux qu'il convient d'élever dans le Lot-et-Garonne, comme dans tous les départements placés dans les mêmes conditions agricoles.

« La première chose à faire lorsqu'on veut se livrer à l'élevage du cheval est de calculer quel est le genre de produits qui peut convenir à la localité ; agir différemment serait vouloir lutter contre la nature et se créer des difficultés qu'on ne parviendrait à vaincre qu'avec beaucoup de temps, beaucoup de peine, et surtout beaucoup d'argent, et encore serait-on exposé à ne pas réussir. » [1] **On doit se demander s'il faut chercher à produire des chevaux de trait ou des chevaux de selle, des chevaux communs ou des chevaux de luxe, en un mot quelle est l'espèce qu'il convient d'élever eu égard à la nature du climat, au mode de nourriture et à la facilité des débouchés.**

Dans tous les pays placés dans les mêmes conditions agricoles que le nôtre, les ressources, la position et les intérêts des agriculteurs s'opposent à ce qu'ils élèvent, soit des chevaux de luxe dont l'éducation est trop coûteuse et trop incertaine, soit des chevaux de gros trait pour deux motifs.

Le premier, c'est que, l'agriculture n'employant que les bœufs, les éleveurs n'auraient pas la possibilité d'utiliser de bonne heure au labour les jeunes chevaux de trait, et que ce travail qui paie la nourriture abondante qu'il faut leur prodiguer pour satisfaire aux exigences d'une croissance rapide, est la condition essentielle du succès de leur élève ;

---

[1] *Journal des Haras.*

Le second., c'est que cette nourriture abondante leur ferait défaut.

Ils doivent s'attacher à produire seulement des chevaux assez rustiques pour pouvoir être élevés sans trop de précautions, assez fins pour pouvoir servir à la selle, et assez fortement constitués pour pouvoir être employés au trait léger, en un mot *des chevaux à deux fins* dont le bon cheval du pays constitue le véritable type. Ce sont là des chevaux qui coûtent peu à produire et devant lesquels s'ouvriront toujours des débouchés certains.

§ II.

Des Étalons qui conviennent le mieux à notre pays pour la production des Chevaux à deux fins.

Les étalons que l'administration des haras a toujours envoyés dans nos contrées, sont d'origine arabe ou d'origine anglaise. L'examen comparatif des produits qu'ont donné ces deux types de reproducteurs, a permis d'apprécier l'influence qu'ils ont exercée sur le perfectionnement de nos chevaux. Aujourd'hui les producteurs qui ont essayé des uns et des autres et tous les hommes qui ont étudié la question avec soin, sont persuadés que le type anglais a été mal choisi et que son emploi est inopportun.

Il a été mal choisi, parce qu'il n'a pas amené le résultat désirable : l'amélioration ou au moins un principe d'amélioration ;

Il est inopportun, parce que ni l'agriculture, ni les éleveurs n'ont été préparés à le recevoir ;

Parce que la qualité et la quantité des ressources alimentaires ne sont pas en rapport avec les besoins des produits du sang anglais ;

Parce que ces produits sont difficiles pour la nourriture et qu'ils ne peuvent réussir qu'exceptionnellement chez les propriétaires riches, capables de faire des sacrifices pour les nourrir abondamment et leur donner des soins qui leur sont indispensables ;

Parce que la grande majorité des éleveurs est dans l'impossibilité matérielle de les imiter, qu'il faut que les chevaux se fassent, pour ainsi dire, tout seuls, avec une pauvre nourriture, loin de tout secours intelligent, et que ce système simple d'élevage est incompatible avec la nature délicate des produits du sang anglais.

Il n'en est pas ainsi du type arabe. Les étalons d'origine orientale sont les seuls qui conviennent à notre pays, parce qu'ils remplissent le but comme améliorateurs, parce qu'ils ont fait leur preuves ; parce qu'ils sont, par leur nature et leur origine, en rapport avec l'état de notre agriculture et le mode d'élevage suivi ; parce que leurs productions sont plus rustiques et ont besoin de moins d'attention et de moins de soins.

L'administration n'a pas manqué de comprendre cette différence ; aussi s'efforce-t-elle de fournir les dépôts du Midi d'étalons orientaux. Tandis que les poulains issus d'une origine anglaise ont des formes décousues, un rein long, une membrure grêle, des épaules froides, le cheval arabe donne à ses produits du sang autant que l'étalon anglais, et de plus, ce que celui-ci ne saurait toujours leur donner, un corps ramassé, des formes harmonieuses, un rein court, une forte membrure, conformation qui constitue le bon cheval de service, le cheval de troupe, le cheval de tout le monde, en un mot, le cheval de vente facile.

Ainsi, comme mesure générale, il faut adopter l'emploi des étalons d'origine orientale. C'est à eux que l'on doit conduire les juments du pays, eux seuls peuvent convenir aux bêtes landaises, et, parmi les juments importées, il en est un grand nombre qui peuvent être fécondées par eux. Ils assortissent par conséquent la majorité de nos poulinières, et ils conviennent très-bien pour faire des chevaux à deux fins, les seuls dont l'élevage s'accorde avec les ressources du pays.

§ III.

Du choix des Juments poulinières.

Dans le nombre de juments si diverses qui sont livrées à la reproduction, il est nécessaire d'opérer un premier triage.

Que les plus communes, les plus massives, les plus défectueuses, celles qui ont les yeux petits, la croupe avalée, le ventre volumineux , les pieds grands , les membres gros et chargés de crins , soient accouplées avec le baudet. Ces juments, qui avec nos étalons produiraient de mauvais chevaux , feront les plus beaux et les meilleurs mulets.

Après ce triage , il convient d'en faire un second : il faut expulser rigoureusement les vieilles juments. En général , les juments que l'on conduit aux étalons, pèchent plutôt par excès que par défaut d'âge. Il n'est pas rare d'en voir qui ont dépassé quinze ans. C'est un vice qui amène un double inconvénient. Les propriétaires s'exposent à des déceptions certaines, car ces juments sont presque toujours stériles, et en outre , elles épuisent les étalons au détriment des jeunes poulinières.

Les inconvénients sont bien autrement graves si on fait saillir des bêtes trop jeunes, ce qui, du reste, est plus rare. Nous avons vu cependant des propriétaires soumettre à la saillie des pouliches de deux ans. Or , il est prouvé que des bêtes de cet âge , n'ayant pas acquis tout leur degré de croissance, donnent naissance à de mauvais produits , leur développement contrarie celui de leur fruit; leur bassin peu évasé se prête mal à l'extension progressive de ses organes; elles mettent bas difficilement, sont chatouilleuses et mauvaises nourrices.

A part le défaut ou l'excès d'âge, il est des vices qui doivent faire exclure les juments de la reproduction. Les propriétaires comprendront, en effet, que toutes celles qui ont un mauvais tempérament, une constitution tarée, des maladies anciennes de poitrine, donnent des chevaux non seulement mauvais pour le service, mais encore mauvais pour la vente (Huzard).

Parmi les maladies dont toute poulinière devrait être exempte, il en est une, la fluxion périodique des yeux, qui est réputée héréditaire et qui ôte aux poulains toute valeur.

Les juments atteintes de cette affection doivent être réformées, ou tout au plus réservées pour la production des mules; celles-ci sont moins exposées à cette affection. D'ailleurs elles sont ordinairement vendues pour l'Espagne où le mal se déclare plus rarement qu'en France.

Toutes les juments qui portent aux membres des tumeurs osseuses congéniales et héréditaires, telles que formes, courbes, jardes, éparvins, seront rejetées également. Ces défauts portent un très grand préjudice à la vente des produits.

A l'égard de la pousse, il existe un préjugé dont beaucoup de producteurs sont imbus. Ils croient que cette maladie se guérit ou tout au moins diminue d'intensité par la fécondation, aussi les juments poussives sont-elles conduites en foule à la saillie.

Le motif de cette croyance, car toute croyance a son motif, nous l'ignorons. Ce ne peut être l'expérience, puisque tous les jours nous voyons des juments poussives saillies, fécondées, mettre bas et rester poussives; puisque nous en voyons d'autres chez lesquelles la pousse augmente pendant la gestation et à mesure que grossit le fœtus: cela s'explique très-bien par la compression exercée sur le poumon et par la gêne qui s'ensuit dans l'acte respiratoire. Au surplus, en aurions-nous vu quelqu'une guérir à cause de la fécondation, ou plutôt malgré la fécondation, nous persisterions à penser qu'une bête fortement poussive est impropre à la reproduction, et nous conseillerions aux producteurs de la repousser.

Nous leur ferons toutefois une concession à l'égard de celles chez qui la pousse n'a pas acquis un degré excessif. Cette maladie n'est pas héréditaire ; les juments qui deviennent poussives sont généralement bonnes, et celles qui commencent à le devenir vers sept ou huit ans peuvent faire d'excellents produits.

En somme, nous dirons à celui qui possède une jument à formes massives : gardez-la pour le baudet ; à celui qui possède une bête poussive outrée, ou fluxionnaire, ou malade, ou fâcheusement tarée : ne la livrez pas à la reproduction, vendez-la ; mais à tous, nous leur dirons : Ayez de bonnes poulinières ; elles ne coûtent pas plus à nourrir que les rosses, et elles promettent des bénéfices sur lesquels on peut compter.

Il faut que les producteurs s'attachent surtout à garder pour la reproduction les pouliches nées chez eux et améliorées, au lieu de les vendre comme ils le font généralement. Ce serait le moyen de peupler le pays d'une souche d'excellentes poulinières qui réagiraient de la manière la plus favorable sur l'amélioration de nos chevaux.

CHAPITRE DEUXIÈME.

Un éleveur digne de ce nom doit avant tout bien choisir la jument dont il veut faire une poulinière. Ce choix ne donne pas seulement la mesure de son intelligence , il a une portée bien autrement importante, puisqu'il décide des résultats plus ou moins lucratifs de ses opérations.

Les considérations dans lesquelles nous sommes entrés à cet égard , peuvent se résumer dans les propositions suivantes :

1º Les poulinières doivent être jeunes , bien portantes et non tarées. A l'exception de ces bêtes privilégiées , de ces excellentes poulinières qui donnent toujours de bons produits et que l'on conserve jusqu'à la mort, il ne faut jamais livrer, pour la première fois, à la reproduction une jument qui a plus de quinze ans. On comprend qu'on ne saurait trop écarter celle qui en a moins de quatre ou qui est affectée de quelque maladie, défaut ou vice grave, acquis ou congénial;

2° Il ne faut pas faire servir à produire des chevaux, des bêtes que leur conformation massive rend particulièrement aptes à la production des mules;

3° Pour féconder les poulinières légères qui dans le Midi doivent être employées à produire des chevaux, on recherchera toujours, afin de contrebalancer les défauts qui prédominent en elles, des demi-sang près de terre et surtout des étalons d'origine orientale, ayant pour qualités premières une large membrure et le rein court.

Nous avons cru devoir insister sur ces principes, à l'observation desquels sont attachés l'intérêt des éleveurs et l'amélioration de l'espèce. Mais en réglant le choix des juments mères, en indiquant les étalons les mieux appropriés au pays, nous n'avons fait qu'un premier pas dans ces instructions. Nous allons étudier maintenant les phases diverses par lesquelles passe la poulinière depuis l'époque de la monte jusqu'au moment du sevrage, et nous arriverons ensuite à l'éducation détaillée du poulain depuis sa naissance jusqu'à l'âge où il sort des mains de l'éleveur, jusqu'à l'âge de quatre ans.

§ I.

De la Monte ou Saillie.

On saisit pour faire saillir les juments le moment où elles sont en chaleur. Tous les éleveurs connaissent les principaux signes par lesquels la chaleur se manifeste : campements fréquents comme pour uriner; écoulement par les parties naturelles d'un liquide visqueux, blanchâtre; gonflement des lèvres de la vulve, agitation continuelle, hennissements fréquents.

Ces signes apparaissent au printemps. C'est, du reste, l'époque la plus convenable pour l'accouplement.

En effet, bien que l'état particulier d'excitation dans lequel se trouvent les juments à l'époque des chaleurs, ne soit pas rigoureusement indispensable à la fécondation, il la favorise; ensuite, la durée de la gestation étant de onze à douze mois, les femelles mettent bas au printemps de l'année suivante, c'est-à-dire, à une époque où les influences atmosphériques sont favorables et où une végétation nouvelle est très propre à fournir les matériaux d'un bon lait.

Certaines personnes se disent possesseurs de remèdes secrets qui, suivant elles, provoquent l'apparition des chaleurs et font *retenir* sûrement les femelles les plus rebelles à la fécondation. Nous devons prémunir nos lecteurs contre ce charlatanisme. La science et la raison répudient également l'emploi de ces moyens. C'est une pratique irrationnelle qui peut avoir des inconvénients fâcheux pour la santé des poulinières et qui, à coup sûr, n'influe pas le moins du monde sur la facilité de la conception, au contraire. — Il vaut donc mieux s'abstenir de toute drogue, si innocente qu'elle soit, et attendre que les chaleurs se développent naturellement sous l'influence d'un bon régime et de la présence du mâle. — Tout ce que l'on pourrait faire, ce serait de donner quelquefois, dans la ration d'avoine, une poignée de baies de genièvre concassées.

Sous prétexte de favoriser la fécondation, beaucoup de personnes croient que toutes les juments doivent être saignées avant ou après la saillie. Cette mesure est vicieuse ainsi généralisée. Nous approuvons qu'on l'adopte dans quelque cas ; nous comprenons que la saignée puisse, chez les bêtes en bon état d'embonpoint, déjà saillies trois ou quatre fois et chez qui les chaleurs ne sont pas encore éteintes, produire une perturbation salutaire et favorable à la conception ; mais les saigner toutes indistinctement, saigner, par exemple, celles qui viennent de mettre bas et qui nourrissent, est une pratique condamnable, en ce sens qu'elle peut ne pas être seulement inutile. Employée sans nécessité, elle peut devenir nuisible aux poulinières.

Les juments pouvant être à la fois mères et nourrices, il est de l'intérêt des propriétaires de les faire produire tous les ans. On les conduit à la saillie huit ou dix jours après le part. Il est d'observation qu'elles ne retiennent jamais plus sûrement. [1]

§ II.

De la Gestation. -- Signes qui annoncent qu'une Jument est pleine. -- Soins que réclame la Poulinière pendant la Gestation. -- Avortement.

L'état dans lequel se trouvent les femelles qui ont été fécondées depuis le moment de la saillie jusqu'à l'époque de la mise-bas, prend le nom de gestation.

Le premier signe qui l'annonce, c'est la cessation des chaleurs. La jument reste indifférente aux caresses du mâle; elle le repousse même avec violence, et pour nous servir du mot consacré, elle *refuse*.

Cela se passe ainsi généralement, bien qu'on ait vu des juments refuser sans être fécondées, et d'autres montrer des signes de de chaleur, même après la conception.

---

[1] Maison rustique du XIXe siècle.

Aucun autre signe ne trahit l'état de plénitude avant le sixième mois. A cette époque seulement, on reconnaît que le ventre a pris du développement; la croupe s'est affaissée; les hanches sont plus saillantes et le fœtus commence à exécuter des mouvements, très peu sensibles d'abord, qui deviennent plus appréciables de jour en jour. Ces mouvements sont perceptibles surtout immédiatement après que la jument a bu de l'eau fraiche; aussi emploie-t-on ce moyen pour en provoquer la manifestation.

Il faut, toutefois, se garder d'en abuser; car les soubrésauts du fœtus sont occasionnés alors par l'état de malaise où le met la présence de l'eau froide dans l'estomac. L'avortement peut en être la conséquence.

Nous ne saurions trop nous élever à ce propos contre une pratique funeste qui consiste à abreuver les poulinières, pendant l'hiver, aux mares ou aux réservoirs des fontaines, après en avoir brisé la glace. C'est là une cause malheureuse de nombreux avortements qu'on pourrait parfaitement éviter.

Vers les derniers mois, la poulinière devient paresseuse, lente dans ses mouvements ; elle cherche le repos ; son caractère se radoucit ; enfin, ses mamelles se gonflent peu à peu jusqu'au moment de la mise-bas. S'il restait quelque incertitude sur l'état de gestation d'une jument, ce signe qui apparaît le dernier, lèverait tous les doutes.

§ III.

Du travail des Juments pleines. — Nécessité de les bien nourrir et de les panser régulièrement. — Précautions à prendre pour éviter l'Avortement.

Une poulinière pleine peut sans inconvénient être livrée à son travail ordinaire jusqu'au neuvième ou au dixième mois. On ne doit pas en exiger de trop violents efforts, on doit l'utiliser avec ménagement ; mais il est constant que le repos absolu lui est plus nuisible qu'avantageux

Nous lisons dans le travail d'un vétérinaire qui a habité longtemps l'Egypte, Hamont :

« Les Bédouins aiment mieux monter les juments que les étalons, et ils ont pour prin-

cipe de ne pas les ménager jusqu'au neuvième mois de la gestation ; ils prétendent
que pour donner de bons poulains, les juments en état de plénitude doivent courir. [1] »

Grognier rapporte à cet égard un fait assez curieux : [2]

Une jument navarrine qu'on ne présumait
pas avoir été saillie avec fruit, fut préparée
pour les courses. Elle se montra avec le plus
grand succès dans l'hippodrome, et gagna
un prix ; « le cours de la gestation ne fut
point troublé par le régime incendiaire auquel elle fut soumise pour être préparée à la
course ; et ses élans rapides dans la carrière
où elle fut couronnée, ne portèrent nulle
atteinte au fœtus qu'elle ballotait dans ses
flancs ; elle mit bas très heureusement et
nourrit très bien son poulain. »

Nous avons vu une jument abandonnée à
une inaction complète, avorter pendant trois
années consécutives, malgré toute espèce de
précaution. Le propriétaire la fait saillir de
nouveau et la cède à un maître de poste qui

---

[1] Recueil de Médecine Vétérinaire, 1842.
[2] Cours de multiplication.

l'emploie sans ménagement au service de la malle. La jument fait ce rude travail pendant dix mois, et après deux mois de repos, elle met bas le plus heureusement du monde.

Nous citons ces exemples pour prouver que si des juments pleines peuvent sans danger résister à la fatigue et aux courses véhémentes, à plus forte raison peuvent-elles exécuter un travail continu et modéré. Malgré l'autorité de ces faits, nous conseillons de ne les faire trotter ni galoper vers les derniers temps et de les employer au trait plutôt qu'à la selle.

Si elles peuvent, si elles doivent travailler, les poulinières doivent aussi recevoir une bonne nourriture, et cela avec d'autant plus de raison que, suivant l'expression vulgairement employée, *elles mangent pour deux.*

On se contente le plus souvent de les abandonner la majeure partie du temps dans les pacages, sans leur donner à l'écurie autre chose que de la paille. C'est un tort; les mères mal nourries ne donnent que des produits médiocres. Sans trop s'écarter de cette stricte économie dans laquelle nos éleveurs semblent tenir à cœur de se renfermer, on devrait accorder aux poulinières un supplément de nourriture à l'écurie.

Si nous insistons particulièrement sur ce conseil, ce n'est pas seulement pour engager les éleveurs à bien nourrir leurs poulinières. Une autre raison très importante nous engage à le donner. « Un supplément de nourriture au ratelier est nécessaire le matin aux juments qui vont dans les pâturages, dit M. Magne; l'estomac en partie rempli de foin est moins sensible que s'il était vide à l'impression que tend à produire l'herbe couverte de rosée; les aliments pris au ratelier préservent aussi le fœtus de l'effet du froid; quelques bouchées d'herbe, quelques gorgées d'eau froide prises par une poulinière qui est à jeun, peuvent occasionner l'avortement. »

Ce qui serait bien nécessaire aussi et ce qui néanmoins est trop généralement négligé, c'est de panser régulièrement les bêtes pleines. On voit souvent dans les métairies des poulinières qu'on n'étrille jamais, qui sont couvertes de poussière et souillées par le fumier. Ce défaut de propreté est plus préjudiciable qu'on ne pense à leur santé.

Un pansement journalier entretient au contraire celle-ci en aidant au facile accomplissement des fonctions de la peau et réagit avantageusement sur les qualités des jeunes animaux. La seule précaution à prendre, c'est de ne pas promener l'étrille sur la région du ventre.

Il faut que la nécessité de nourrir et de panser convenablement les poulinières soit bien comprise, car le défaut de soins et une alimentation composée de fourrages de mauvaise qualité, sont deux circonstances plus que suffisantes pour que l'avortement se produise.

D'un autre côté, il ne faut pas qu'un surcroît de précaution et qu'un excès de zèle fasse outrepasser de justes limites. On évitera de donner aux poulinières arrivées aux derniers mois de la gestation des aliments trop nutritifs, trop succulents, des carottes par exemple. Il est d'observation que l'excitation produite par un régime trop riche est contraire à leur santé, et que l'embonpoint exagéré leur devient funeste en les faisant avorter.

L'avortement ne peut pas toujours malheureusement être prévenu parce qu'il est parfois le résultat de circonstances placées au-dessus de toute prévoyance humaine. Mais comme c'est un accident doublement grave en ce qu'il détruit sans retour les espérances du producteur, et que certaines poulinières peuvent en être affectées au point d'en prendre une sorte d'habitude, ou de concevoir difficilement et même de rester infécondes, on ne saurait mettre en œuvre trop de précautions pour en éloigner les chances.

Ainsi, à part les indications que nous venons de donner relativement à la nourriture, au pansage, à la boisson des poulinières, il en est d'autres tout aussi importantes que nous allons mentionner et qu'il serait imprudent de négliger.

On fera en sorte que le sol de l'écurie soit à peu près horizontal. Il ne faut pas qu'il présente une inclinaison trop prononcée et que les bêtes aient le train postérieur beaucoup plus bas que le train antérieur. Cette inclinaison ne doit pas être de plus de trois centimètres.

L'opportunité de cette indication est facile

à comprendre. On évite ainsi, que le fœtus soit refoulé en arrière et que les viscères voisins pèsent sur lui de manière à en provoquer l'expulsion avant le terme fixé par la nature.

Les secousses dans les brancards, les allures trop rapides, les coups d'éperons violemment donnés, les pressions en passant par des portes trop étroites, sont autant de causes d'avortement qu'il est aisé d'éviter en prenant les précautions convenables.

Si malgré une surveillance assidue l'avortement survient, bien que certaines juments ne paraissent pas s'en ressentir beaucoup, il convient de faire appel aux lumières d'un vétérinaire dont les conseils et les secours sont souvent indispensables dans ces circonstances. Nous ne devons donc pas parler ici de ce qui est du ressort de la science des accouchements; disons seulement que lorsque l'avortement se manifeste vers les derniers temps de la gestation et que les mamelles s'emplissent et deviennent douloureuses, il faut tenir la jument à une demi-diète et lui donner de l'eau blanche tiède.

§ IV.

De la Mise - Bas

Mais supposons que nul accident n'interrompe le cours régulier de la gestation et que la mise-bas s'effectue au temps et dans l'ordre naturels, nous allons examiner comment elle s'accomplit et quels soins réclament la mère et le jeune poulain.

La jument porte son fruit trois cent trente jours en moyenne. C'est donc vers le douzième mois qu'arrive le moment de la mise-bas et que s'annoncent les derniers signes qui la précèdent. Il serait prudent de déferrer la poulinière prête à mettre bas, de la mettre dans une loge fermée sans l'attacher et de caresser souvent ses mamelles pour l'habituer à se laisser téter.

Lorsque le ventre est très distendu, que les mamelles se gonflent, que les mamelons se roidissent, deviennent sensibles et laissent échapper un liquide séreux qui s'écoule goutte à goutte, que les parties naturelles se tuméfient et s'humectent d'une matière glaireuse et filante, on peut être certain que l'accouchement n'est pas éloigné. La jument se pose comme pour uriner ; elle est inquiète, agitée ; elle piètine, remue sa queue, change de position, se couche et se lève souvent.

Enfin, les efforts expulsifs commencent. Une sorte de vessie formée par les membranes qui enveloppent le fœtus et renfermant les eaux dans lesquelles il nage, apparaît à l'ouverture de la vulve. C'est ce qu'on nomme en terme vulgaire la *bouteille*.

Bientôt les eaux contenues dans cette vessie s'écoulent ; les pieds antérieurs du jeune sujet apparaissent, puis le bout du nez appuyé sur eux. Les différentes parties du corps se montrent successivement; le poulain glisse sur les jarrets de sa mère et tombe doucement sur la litière qu'on a eu le soin de préparer à l'avance.

Quand le part s'annonce et s'effectue de cette manière, on doit rester simple spectateur du travail de la jument et laisser la nature achever seule son œuvre. Toutefois, il est un moment où un secours intelligent pourrait être opportun; c'est lorsque les épaules et la poitrine du fœtus se présentent à l'ouverture extérieure de la matrice. Alors la mère redouble d'efforts, et l'obstacle offert par ces parties, dont le diamètre est considérable, est ordinairement assez vite surmonté. Dans les cas rares où ces efforts sont trop prolongés et trop douloureux, on donne un lavement d'eau tiède à la jument, et quand elle l'a rejeté, on saisit le poulain par les pieds et l'on tire légèrement pour aider la mère. Une précaution à ne pas oublier, c'est de faire toujours coïncider les tractions opérées avec les efforts de la jument.

Tel est le part naturel. S'il s'annonce d'une manière différente ou s'il se prolonge trop, il faut recourir aux soins d'un homme de l'art.

On doit s'assurer aussitôt que le jeune sujet est né, s'il n'y a pas écoulement de sang au cordon ombilical. Dans ce cas, qui se présente fort rarement du reste, on fait une ligature pour arrêter l'hémorragie.

Il convient de bouchonner exactement et de couvrir la jument qui vient de mettre bas. On ferme les ouvertures de l'écurie pour mettre la poulinière à l'abri des courants d'air et des insectes; on lui donne de l'eau tiède blanchie avec un peu de son ou de farine d'orge, puis on lui présente son poulain afin qu'elle le débarrasse, en le léchant, de l'enduit muqueux qui le recouvre.

Certaines juments, surtout parmi celles qui mettent bas pour la première fois, négligent ce soin instinctif. Il faut alors essuyer et sécher le poulain, ou bien le saupoudrer avec un peu de sel ou de farine d'orge. Ces substances appétissantes portent la mère à le lécher.

§ V.

De l'Allaitement.

Ces premières précautions prises, il faut faire téter le jeune animal et le soutenir, s'il est trop faible pour saisir le mamelon lui-même, ou si la mère le repousse, ce qui arrive quelquefois chez les jeunes poulinières qui sont chatouilleuses ou dont le pis est douloureux.

Dans ces cas, on calme la douleur par des lotions adoucissantes; on caresse la jument et on lui donne des aliments dont elle soit friande, pour détourner son attention et la faire rester en repos pendant que le poulain prend la mamelle. Il est rare qu'on soit obligé d'user longtemps de pareils soins. Toute résistance de la part de la mère est ordinairement bientôt vaincue.

Si la faiblesse excessive du poulain l'empêchait de se tenir debout et même de saisir le mamelon, il faudrait traire la mère et donner au petit le lait encore chaud, ou lui faire avaler quelques œufs frais.

Certaines personnes croient qu'il ne faut pas que les jeunes animaux prennent le premier lait de leur mère ; elles le regardent comme pernicieux, et elles le font jaillir sur le sol en exprimant le pis. C'est un préjugé. « Le premier lait des femelles de tous les animaux, dit Tessier, a toujours une qualité proportionnée à la faiblesse de leurs petits ; il est destiné par la nature à évacuer le *meconium*, c'est-à-dire les excréments amassés dans leur estomac et leurs intestins, et dont le séjour est très-nuisible. »

Après la mise-bas, il faut au moins laisser dix jours de repos à une jument avant de lui faire reprendre ses travaux habituels. Ce délai est également nécessaire avant de la ramener à l'étalon.

« La jument qui allaite, dit la Maison rustique, doit être bien nourrie, car c'est la nourriture qui fait le bon lait, et c'est le bon lait qui fait les bons poulains. »

C'est là un avis fondamental dont nos éleveurs devraient faire leur profit. En fait de régime comme en toutes choses, il n'est rien de plus ruineux qu'une économie mal entendue, et on ne pourra arriver à des résultats fructueux qu'autant que la nourriture des animaux sera basée sur ces deux conditions : abondance et qualité.

Les poulinières doivent être d'autant mieux nourries, qu'on les fait saillir ordinairement quelques jours après la mise-bas, de sorte qu'elles portent un fruit et qu'elles allaitent l'autre. Il faut donc alimenter trois existences. Du reste, l'époque où elles mettent bas est favorable sous ce rapport. La saison est bonne, et l'herbe que les éleveurs ont à profusion suffit à la nourriture des juments.

Il convient de continuer, pendant tout le

temps de l'allaitement si c'est possible, le régime du vert, qui est économique et favorable aux juments nourrices. Durant ce régime, il y aurait avantage, pour favoriser encore la sécrétion du lait, à leur donner tous les jours une petite ration de son, auquel on mêlerait parfois une poignée de sel.

Si l'on fait travailler la jument, il faut lui donner en outre deux ou trois litres d'avoine, de fèves trempées ou de millet.

Pendant l'hiver, c'est-à-dire pendant la saison qui pour les poulinières précède la mise-bas et suit le sevrage, ces bêtes sont généralement trop mal nourries eu égard à l'alimentation qu'elles reçoivent le printemps et l'été ; aussi maigrissent-elles beaucoup. On leur donne beaucoup plus de paille que de foin, rarement une faible ration de son, et jamais d'avoine. Quelquefois leur nourriture se compose des rebuts laissés par les bêtes bovines.

La ration d'une poulinière au sec devrait être de 8 kilogr. de fourrage, 4 kilogr. de paille, et 4 litres d'avoine au moins.

Elle doit être brossée, étrillée tous les jours, et abreuvée d'eau de rivière, de fontaine ou de puits, jamais d'eau stagnante ou de mare. Il serait bon que l'eau très-froide fût puisée le matin pour le soir, et le soir pour le matin. Exposée à l'air, elle prend la température de l'atmosphère, et perd de sa crudité. Pendant l'hiver, il n'y a pas d'inconvénient à donner l'eau à sa sortie du puits.

Quelques jours après la naissance, le poulain peut suivre sa mère au pacage et au travail. Quand la jument fera une course un peu longue ou que la prairie sera trop éloignée, il sera utile de renfermer le poulain afin qu'il ne se fatigue pas hors de propos, et aussi afin d'accoutumer la mère à cette séparation, « parce qu'autrement l'état d'inquiétude et de tourment qui pourrait en résulter pour elle, exercerait sur la sécrétion de son lait une fâcheuse influence. Le poulain séparé de sa mère est mis avec d'autres, s'il est possible, et dans le cas contraire il est enfermé dans une écurie un peu sombre. La privation de la lumière l'empêche de se tourmenter et de se livrer à des ébats pendant lesquels il pourrait se blesser [1]. »

---

[1] Maison rustique.

Cette séparation est nécessaire surtout vers la fin de l'allaitement, en ce qu'elle prépare la mère et le poulain au sevrage, qui a lieu ordinairement à l'âge de six mois. C'est une erreur de croire qu'il faille laisser téter les jeunes animaux plus longtemps. Déjà depuis le second mois ils ont commencé, en imitant leur mère, à prendre du foin tendre et de l'herbe fine au pâturage, de sorte qu'à six mois leurs organes digestifs sont habitués aux aliments solides, et que l'allaitement peut se terminer sans inconvénient ni difficulté. Ajoutons qu'il n'est pas nécessaire de faire téter six mois, surtout lorsque les nourrices sont pleines ; quatre ou cinq mois sont suffisants.

Il y a une observation très-importante à faire au sujet des juments qui travaillent. On doit se garder de faire téter le poulain lorsque la mère arrive du travail tout en sueur ; il faut attendre qu'elle soit complètement reposée. L'expérience a démontré que, dans ces circonstances, le lait acquiert des propriétés funestes ; il donne des coliques et la diarrhée aux jeunes animaux. On a vu des cas où il a déterminé une inflam-

mation grave de l'intestin et même la mort.
Lorsqu'un poulain est malade à la suite de
cet accident, on dit vulgairement qu'il a un
coup de lait. L'expression est banale, mais
l'accident est réel, et c'est à l'éleveur soi-
gneux à l'éviter.

§ VI.

Manière de nourrir les Poulains qui se trouvent privés complètement ou en partie de l'Allaitement maternel.

Jusqu'ici nous avons supposé que l'allaitement maternel pouvait s'accomplir sans
obstacle.

Il peut arriver toutefois que la poulinière,
par suite d'une maladie ou d'un accident quel-
conque, n'ait point de lait à donner à son
nourrisson ou n'en ait qu'une quantité insuf-
fisante. Cette circonstance doit éveiller au
plus haut degré la sollicitude de l'éleveur.
Les poulains souffrent beaucoup de la privation de nourriture. Des signes non équivo-
ques trahissent l'état de souffrance d'un jeune
animal non suffisamment allaité : il dépérit,

son poil se pique, sa gaité disparaît, et sa faiblesse ne lui permet plus de se livrer à ses ébats ordinaires ; en outre il est d'une mauvaise défaite si on veut le vendre, et il devient un cheval d'un mauvais service si on le garde.

Il faut alors nécessairement suppléer, par des moyens que nous allons indiquer, à l'insuffisance, à l'absence ou à la mauvaise qualité du lait de la mère.

Si après un part laborieux la jument est faible, malade, incapable de nourrir son fruit, on doit, comme dans le cas où la poulinière meurt des suites de l'accouchement, recourir à l'allaitement artificiel.

Ce mode d'allaitement consiste à donner au poulain, à l'aide d'une bouteille, du lait tiède de vache ou de chèvre. On peut même l'accoutumer à boire tout seul, en lui mettant dans la bouche le doigt ou un bout de chiffon qui trempe dans un vase rempli de lait. Le poulain suce d'abord, et bientôt il hume le lait contenu dans le vase.

Le lait doit faire la nourriture exclusive des jeunes animaux dans les premiers jours qui suivent la naissance. Mais il peut arriver

qu'on ne puisse pas s'en procurer facilement
ou qu'on trouve ce régime longtemps con-
tinué trop couteux, surtout aux environs des
grandes villes où le prix du lait est élevé.
Dans ces cas, il faut le remplacer d'une manière économique. On emploie avantageusement à cet effet la pulpe de carottes et l'infusion de foin.

Trois repas par jour sont nécessaires au
poulain. On réduit en pulpe, au moyen de
la rape ou en les écrasant, un kilo et demi
de carottes; on jette ces carottes rapées ou
écrasées dans trois litres d'eau bouillante,
qu'on retire du feu au bout de cinq minutes.
On divise le tout en trois rations, une pour
chaque repas; on présente la ration au poulain après y avoir ajouté une poignée de farine d'orge, de seigle ou de son fin, et les
premiers jours, pour l'accoutumer, une petite quantité de lait.

La carotte ne saurait être avantageusement remplacée par aucune autre racine
fourragère. La betterave et la pomme de terre
renferment, il est vrai, beaucoup de principes nutritifs, mais elles ne contiennent pas
comme la carotte une huile essentielle, to-

nique, qui lui donne une certaine analogie avec l'avoine.

Si toutefois un propriétaire avait des pommes de terre qu'il voulût utiliser, il les donnerait mélangées par moitié avec des carottes, en ayant le soin de ne pas présenter au poulain l'eau qui aurait servi à la cuisson des tubercules. Cette eau se charge d'un principe âcre qui fait partie de leur substance.

En donnant des pommes de terre, il serait utile d'ajouter une petite cuillerée de sel dans chaque ration.

Voici une autre manière économique de nourrir avantageusement les poulains :

Pour chaque repas, on prend un demi-kilogramme de bon foin ; on le coupe et on le met dans un vase ; on jette dessus quatre litres d'eau bouillante, et on recouvre hermétiquement le vase. On laisse infuser pendant une demi-heure, puis on présente le tout au petit sujet, en y mélangeant dès le principe une certaine proportion de lait. Plus tard, l'infusion seule est présentée avec un peu de son fin. Non-seulement les jeunes animaux la boivent bien, mais encore ils s'ha-

bituent à manger le foin qui a servi à l'infusion.

§ VII.

Du Sevrage.

Pour vendre plus avantageusement les
jeunes poulains, les éleveurs ont la louable
habitude, dans certains pays de bonne production, de leur donner tous les jours, avant
de les sevrer, quelques poignées d'avoine
concassée. On ne pourrait assez se persuader
combien cette nourriture est favorable au
jeune produit, combien elle élève sa taille et
augmente conséquemment sa valeur. A cet
âge la constitution des jeunes sujets est tellement flexible, tellement malléable, si on
peut ainsi parler, que les soins qui leur sont
alors prodigués, relativement au régime alimentaire surtout, réagissent sur toute leur
existence et décident de leur avenir.

L'influence d'un bon régime et la plus-
value qu'elle amène dans le prix vénal des
animaux, doivent engager les propriétaires
à bien nourrir les jeunes produits et à leur

donner des grains concassés ou réduits en
farine, ou cuits ou macérés dans l'eau, des
carottes, des pommes de terre préparées
comme nous l'avons dit plus haut.

Ces derniers aliments conviennent beaucoup aux poulains sevrés et « sont nécessaires pour nourrir et pour prévenir l'échauf-
fement que tendrait à produire une nourriture sèche donnée seule à des animaux qui
étaient habitués au lait. [1] »

C'est avec de semblables précautions et
non pas en abandonnant tout aux soins du
hasard, qu'on peut espérer d'arriver à de
bons résultats. Ce n'est pas assurément pour
compliquer l'élevage en le surchargeant de
mille pratiques inutiles que nous donnons ces
conseils : nous voulons le simplifier au contraire en démontrant qu'avec les éléments
dont on dispose, mais avec plus de savoir et
de volonté, on peut réaliser de plus grands
bénéfices. Négliger par indifférence ou par
incapacité une seule des indications que nous
venons de donner, c'est s'exposer quelquefois à d'inévitables mécomptes.

---

[1] Magne, *Traité d'Hygiène vétérinaire.*

Nous avons conseillé par exemple de retenir le poulain dans l'écurie lorsque la mère est conduite dans un pâturage éloigné. Supposons que ce conseil, futile en apparence, soit méconnu, qu'arrive-t-il?

Le jeune animal suit sa mère; en route, il prend ses ébats, saute, gambade, galope; il arrive suant et fatigué à la prairie; il se couche sur l'herbe humide, et il peut contracter, sous l'influence de cette humidité, des maladies plus ou moins graves. Tel poulain reste maigre, chétif et sans valeur, dont la faiblesse et l'état de souffrance occulte ne peuvent être attribués qu'à la circonstance que nous signalons.

Nous ne terminerons pas ce qui a trait à l'allaitement, sans parler d'une précaution à prendre à l'égard de la jument après le sevrage.

Certaines poulinières bonnes nourrices sont très-fatiguées par le lait lorsqu'on vend immédiatement leurs produits. Il faut les traire un peu quand les mamelles sont trop gonflées et douloureuses, diminuer leur ration journalière, et enfin les faire saigner ou les purger, si les premiers moyens ne suffisent pas pour tarir la sécrétion du lait.

Après le sevrage, il est de l'intérêt des producteurs de vendre leurs poulains. Produire et élever est une double tâche trop coûteuse et trop compliquée. En se débarrassant du jeune sujet, on réalise un bénéfice d'abord, et ensuite on peut reporter sur la jument dont on attend un autre fruit, des soins qui seraient insuffisants ou inefficaces s'ils étaient partagés.

§ VIII.

Manière d'élever les Poulains depuis le Sevrage jusqu'à l'âge de quatre ans.

Après le sevrage, les jeunes animaux ont contre eux deux circonstances défavorables : ils se trouvent privés du lait de leur mère, et comme ils naissent généralement au printemps, ils entrent à six mois dans la mauvaise saison. C'est aux éleveurs intelligents à veiller sur eux et à leur prodiguer, concernant le logement, la nourriture, le pansage, etc., des soins appropriés à leur faiblesse et à leurs besoins.

A quelques exceptions près, nos cultivateurs logent mal les élèves. Souvent les écuries sont basses, humides, sombres, mal aérées, remplies de fumier où les animaux piétinent et dont ils respirent les émanations. Les vapeurs qui s'exhalent du fumier sont dangereuses pour les yeux des jeunes chevaux. Signaler cet état de choses, c'est le condamner comme nuisible, surtout à l'organisation des animaux jeunes; et c'est pour cela que nous plaçons ici les considérations relatives aux écuries.

Des modifications profondes doivent être apportées dans la manière dont les animaux sont logés. Il en est une surtout qu'il est urgent d'indiquer pour faire disparaître, s'il est possible, un vice grave dans la disposition des écuries. Ce vice consiste à pratiquer un trou sous les pieds des chevaux pour y faire pourrir le fumier qui s'y accumule. C'est un double inconvénient. A part le défaut de propreté, il y a inconvénient pour les membres des jeunes sujets dont l'irrégularité du sol fausse les aplombs.

On ne saurait trop s'attacher à tenir l'écurie propre ; à disposer le sol, qui devrait être préférablement pavé [1] en pente douce, de manière à faciliter l'écoulement des urines au-dehors ; à porter le fumier au grand air au lieu de le laisser en tas dans un coin de l'habitation, comme on le fait trop souvent.

Dans quelques métairies on loge les juments dans l'habitation des bœufs, au fond de l'étable, et bien souvent elles sont obligées, pour entrer ou pour sortir, de passer avec leur poulain dans l'espace quelquefois étroit, disposé en arrière des bœufs. C'est un grand inconvénient qui peut être la source d'accidents fâcheux, et qu'il faut faire disparaître en pratiquant une porte près de l'endroit assigné aux poulinières.

Cela dit, passons aux trois conditions indispensables à l'éducation des jeunes poulains : l'air, le mouvement et la bonne nourriture.

---

[1] Le pavage des écuries doit être fait avec des matériaux de petites dimensions, pour éviter les glissades. On emploie les cailloux, les morceaux de brique placés de champ. On peut encore former un très-bon sol avec la boue recueillie sur les grandes routes.

La plupart des écuries, nous l'avons dit, manquent de la première de. ces conditions ; elles sont tellement closes, que les miasmes putrides ne peuvent pas s'échapper, et qu'il y fait pendant l'été une chaleur étouffante. Il faudrait établir des courants et pratiquer des ouvertures près du sol. Les jeunes animaux, restant constamment dans un milieu corrompu, sont malades, s'étiolent, et ne prennent aucun développement.

En toute saison, les poulains doivent sortir de l'écurie pour prendre un exercice nécessaire à leur santé et au développement normal de leurs forces, et surtout de leurs membres. Un enclos fermé, où on les lâcherait en toute liberté, serait très-propre à cet usage. Il serait assurément beaucoup plus rationnel d'agir ainsi que de persévérer dans l'habitude nuisible de monter les chevaux très-jeunes pour les promener, ou de les entraver pour les faire sortir.

Après le sevrage, la nourriture qui conviendrait le mieux aux organes délicats des poulains, c'est l'herbe verte, et cette alimentation est précisément celle que, à cette époque, on peut le moins leur donner. Il faut donc soumettre ces animaux au régime sec.

Nous allons indiquer quel devra être ce régime ; nous prendrons pour base de nos indications cette vérité sur laquelle nous ne saurions trop insister, que pour avoir un bon cheval le développement du poulain doit être bien dirigé, et que la nourriture donnée dans la première période de son existence décide de sa taille et de sa force.

La ration journalière du poulain de six mois à un an, pendant l'hiver, doit être, en moyenne, composée de 4 kilogrammes de fourrage, foin, luzerne, sainfoin, etc., et de un litre et demi d'avoine.

Cette ration coûte 35 centimes, ce qui fait 10 fr. 50 c. par mois, et 63 fr. pour six mois,

L'avoine est une denrée chère et rare. On pourrait avantageusement la remplacer par les fèves macérées. L'hectolitre de fèves coûte 10 fr. comme l'avoine, mais un hectolitre de fèves macérées donne deux hectolitres, qui coûtent par conséquent moitié moins. La ration journalière de fèves macérées étant de un litre et demi, ne reviendrait donc qu'à sept centimes et demi.

Pour bien nourrir un poulain, il faut faire tremper de l'avoine, des fèves, du millet ou du seigle dans de l'eau fortement salée, et lui donner chaque jour une jointée de ce grain ainsi macéré. On pourrait en donner également aux bêtes qui travaillent. Cette ration leur donne de l'appétit, de la vigueur, des chairs fermes, et un poil luisant.

Nous avons dit que les carottes, les pommes de terre, les navets, constituaient une nourriture fraîche, qu'il serait très-avantageux de donner aux jeunes animaux. On pourrait même remplacer le grain par ces racines ; mais il faudrait que le litre et demi d'avoine fût remplacé par quatre litres de pommes de terre cuites, ou par deux litres de carottes, ou par cinq litres de navets, la pomme de terre étant trois fois moins nutritive que l'avoine, la carotte deux fois moins, et les navets quatre fois moins.

Pour aider aux bons effets d'une semblable nourriture, il est indispensable de pratiquer de temps à autre le pansement de la main, et de brosser soigneusement le jeune sujet.

Qu'on n'oublie pas que *le pansage est la moitié de la nourriture*. Cette recommandation n'est pas inutile, car la plupart des poulains élevés dans notre pays sont couverts de poussière et d'ordure ; les fonctions de la peau ne s'exécutent que difficilement, et le prurit qui en est le siège et que l'animal témoigne en se frottant aux corps étrangers et en se roulant à terre, est trop souvent l'avant-coureur de maladies cutanées plus ou moins graves, qui portent obstacle à la croissance et à la bonne venue.

A l'avantage de tenir les animaux propres, le pansage réunit celui de les accoutumer à la main de l'homme. C'est un commencement de dressage. On les prépare ainsi par le pansage, par des caresses et en leur donnant quelques friandises, du pain, du sel, etc., à l'éducation qu'ils recevront plus tard. Il faudra les habituer à la ferrure en leur levant les pieds, et en frappant légèrement sur la corne avec un corps dur. C'est pour avoir négligé ce soin qu'on éprouve parfois des résistances opiniâtres de la part des jeunes chevaux que l'on ferre pour la première fois. On devra les habituer également à porter le

licou et à demeurer attachés. Il serait bon
toutefois de les laisser libres souvent, dans
une stalle ou mieux dans une écurie bien
garnie de litière.

Le poulain accomplit sa première année;
sa nourriture va changer. Le printemps
arrive et l'herbe des prairies, tant naturelles
qu'artificielles, va faire son alimentation
pendant plus de six mois.

Certains propriétaires laissent constamment les jeunes élèves dans les prés, attachés
à un piquet, au moyen d'une corde assez
longue; ils ne leur donnent rien à l'écurie :
d'autres les nourrissent moitié à l'écurie,
moitié au pacage. Ce système est préférable;
il est beaucoup plus économique, surtout si
on rationne les fourrages et si on règle les
repas. Le pacage devrait être une distraction
plutôt qu'une nécessité.

Il ne faut mettre les poulains dans les prairies que lorsque la rosée du matin est tom-
bée; et quand on sera forcé de les conduire
dans des pâturages humides, on aura le soin
de leur donner un peu de fourrage sec avant
de les faire sortir. On les retirera du pacage

de bonne heure pour les préserver des fraîcheurs de la soirée.

On n'a pas l'habitude de distribuer la nourriture par rations régulières et à des heures fixes. C'est un tort, même lorsqu'on donne exclusivement du fourrage vert à l'écurie.

Bien que le régime vert soit le plus convenable, bien que la nature fournisse abondamment à cette époque de quoi nourrir les chevaux, et qu'à la rigueur on puisse se dispenser, comme on le fait généralement du reste, de donner autre chose aux produits, il serait utile que les poulains trouvassent à l'écurie une ration de grains ou même de son.

Il est rare qu'on donne du grain en faisant prendre le vert. On est persuadé que le fourrage tendre suffit, parce qu'on le donne en abondance. On n'a pas tout-à-fait raison. Le grain constitue une alimentation tonique que rien ne remplace ; et si on en donne aux jeunes sujets, on peut avoir l'assurance qu'ils acquerront des conditions de taille et de vigueur qui permettront d'en tirer un parti beaucoup plus avantageux.

Il suffirait de donner deux litres par jour

d'avoine ou de fèves à un poulain d'un an pendant la saison du vert.

Deux litres d'avoine coûtent 20 centimes; en six mois le poulain en consommerait trois hectolitres et demi, c'est-à-dire pour 35 fr.

Le fourrage vert est donné à discrétion. Il est impossible de calculer ce que les animaux mangent; toutefois, l'on devrait s'attacher à en donner tous les jours une quantité égale. Outre que ce serait agir selon les règles de la saine économie, on éviterait les écarts de régime, en régularisant les rations journalières.

Le foin ou les fourrages secs des prairies artificielles, la paille de froment ou d'avoine, constituent l'alimentation des élèves pendant l'hiver. On peut donner du son, mais à doses fractionnées et seulement en barbotage ou après l'avoir humecté, ou encore en le mélangeant avec des racines cuites et écrasées, des tubercules réduits en pâte.

Des analyses récentes faites par un chimiste, M. Millon, ont démontré que le son est une substance essentiellement alimentaire, en même temps que rafraîchissante, à cause de la gomme, des traces d'albumine et du sucre qu'elle contient.

Ce qui a contribué à répandre des opinions erronées sur le son, dit le *Moniteur agricole*, ce sont les accidents fréquents qu'il occasionne quand on l'administre sans précaution. En raison même de sa composition compliquée, du grand nombre de principes qui le constituent et qui le rendent susceptible de bien nourrir, il a la propriété de fermenter rapidement, de s'échauffer, de devenir aigre, et par suite d'occasionner des indigestions. Mais le son donné frais et bien administré ne saurait jamais être nuisible, au contraire.

Une des plus précieuses conquêtes de l'économie rurale, c'est l'introduction des fourrages des prairies artificielles dans l'alimentation des chevaux. Aujourd'hui on fait consommer beaucoup moins de foin que de sainfoin, de luzerne et de tréfle.

Cette substitution est avantageuse à un double point de vue, parce qu'elle est économique d'abord, et qu'ensuite elle est plus profitable aux animaux.

Toutes les personnes qui nourrissent avec le sainfoin ou la luzerne ont remarqué :

Premièrement, que leurs chevaux, poulains ou juments poulinières, étaient en très-bon état et pouvaient parfaitement se passer d'avoine ;

Secondement, que lorsque le foin naturel est médiocre et qu'on veut néanmoins le faire consommer, il faut le mélanger avec du fourrage artificiel ; ce mélange corrige les mauvaises qualités du foin.

Des observations nombreuses ont établi en outre, et ceci n'est pas le moindre avantage des fourrages artificiels, que pour préserver les jeunes chevaux des atteintes de la fluxion périodique, il suffit de les nourrir abondamment avec des fourrages des prairies artificielles. Toutefois, nous pensons qu'à cet égard il ne faut pas trop s'exagérer l'importance de cette alimentation, que la principale cause de la fluxion périodique est l'insuffisance de la nourriture, et qu'on pourrait la prévenir tout aussi bien par tous autres aliments distribués avec intelligence, que par ceux dont nous nous occupons. Mais l'avantage n'en reste pas moins toujours à ces derniers, puisqu'ils coûtent moins à produire que les autres, et qu'ils permettent de bien nourrir à bon marché.

Les fourrages artificiels ne sont pas tous également nutritifs, également susceptibles de donner de la vigueur aux chevaux et d'améliorer leur santé. La différence à cet égard a été parfaitement constatée par des expériences concluantes faites dans des régiments de cavalerie. Les résultats obtenus ont conduit les expérimentateurs à classer les fourrages de la manière suivante :

En première ligne, le sainfoin ; [1]

En deuxième ligne, la luzerne de première coupe, et le regain de luzerne ;

En troisième ligne, le trèfle.

Ces considérations doivent engager les éleveurs à cultiver le sainfoin et la luzerne, et à nourrir préférablement avec ces fourrages les jeunes chevaux dont ils font l'éducation.

Il est des propriétaires qui réservent pour le bétail à grosses cornes les fourrages de

---

[1] Dans nos contrées, on donne au *sainfoin* le nom de *luzerne*, et réciproquement. C'est une substitution de noms qu'il est bon de signaler pour bien s'entendre.

toute espèce qu'ils récoltent ; ils n'en peuvent pas donner aux chevaux qu'ils alimentent avec de la paille, du son et du grain.

Avec ce régime, la ration journalière doit être de trois kilogrammes de paille, deux litres d'avoine et deux litres de son, pendant la seconde année.

La ration doit s'élever à quatre kilogrammes de paille, trois litres d'avoine et trois litres de son, pendant la troisième année, et elle est portée à cinq kilogrammes de paille, quatre litres d'avoine et quatres litres de son, pendant la quatrième année, époque où les poulains sont vendus.

C'est là également un bon régime d'hiver, mais ce n'est pas un régime à bon marché. Les éleveurs doivent le modifier suivant leurs ressources, et chercher à le rendre économique en remplaçant l'avoine par les fèves trempées, les gesces, les carottes et autres racines fourragères, ou la donner mélangée avec le millet, quand celui-ci se vend peu.

Un dernier conseil. — Il faut que les propriétaires éleveurs se pénètrent bien de cette idée, que dans notre pays, où les terres ont beaucoup de valeur, les animaux doivent pacager le moins possible. On économise en les nourrissant à l'écurie et en leur faisant suivre le régime d'hiver à peu près toute l'année. Il faut les mettre dehors quelquefois, mais c'est moins pour les faire paître que pour leur donner de l'exercice.

CHAPITRE TROISIÈME.

De la Castration. -- Influence qu'elle exerce sur la conformation et la force du Cheval, selon qu'elle est
pratiquée à une époque plus rapprochée ou plus éloignée de la naissance. -- Inconvénients de la Castration
tardive. -- Castration à la mamelle. -- Avantages qu'elle
présente au point de vue de l'intérêt des Éleveurs, de
la conformation et de la conservation des Chevaux, de
l'amélioration des races et des Remontes de l'armée. --
Réfutation des objections faites à cette méthode.

Nous avons insisté sur le régime, c'est par
là que nous avons commencé, parce que la
nourriture est la base de l'élevage et le mo-
bile des résultats futurs. La science de l'éleveur serait néanmoins incomplète si elle l'en-

seignait seulement à bien nourrir. Ce serait l'essentiel, il est vrai, mais ce ne serait pas tout.

Indépendamment des soins directs, du pansage, du régime, il est d'autres mesures, telles que la castration, le dressage, la ferrure, qui doivent également attirer l'attention des éleveurs. De ces mesures, celle qui éveille le plus vivement leur sollicitude, c'est l'opération qui a pour but d'enlever aux poulains les organes de la génération.

Les changements apportés dans l'organisation du cheval par la castration offrent de grandes différences et sont plus ou moins avantageuses, selon que l'opération est pratiquée à une époque plus rapprochée ou plus éloignée de la naissance. La question à résoudre est donc celle-ci :

A quel âge est-il convenable de châtrer, afin de provoquer les modifications les plus favorables et d'obtenir les meilleurs chevaux ?

Cette question est aujourd'hui résolue. Malheureusement les préjugés s'en mêlent, et malgré les affirmations des observateurs les plus consciencieux, il y a des personnes qui persistent à croire que les chevaux sont d'autant meilleurs, qu'on les châtre plus tard. C'est là une idée contraire au résultat donné par l'expérience ; c'est là une croyance fausse dont il faut faire justice une fois pour toutes.

Voici ce que nous dirons aux partisans de la castration à quatre ou cinq ans :

A cet âge, le cheval est adulte ; les grands changements que la puberté provoque ont eu lieu ; sous l'influence des organes générateurs, les parties antérieures du corps se sont très développées comparativement aux parties postérieures ; la force et la vigueur sont à leur apogée ; le caractère est formé et porte presque toujours un cachet d'indépendance et de fierté qui souvent le rendent vicieux ; alors la croissance étant complète, l'organisme ayant revêtu tous ses attributs, le mouvement progressif d'assimilation, ou pour être plus clair, d'*augmentation*, s'arrête, s'achève, et le mouvement contraire va commencer.

Qu'on le dépouille alors des attributs du sexe mâle, voici ce qui arrive : Les régions antérieures tendent à diminuer ; les parties molles perdent sensiblement de leur volume ; l'encolure s'amincit ; la tête seule , où prédomine le tissu osseux , reste grosse et forte. Supportée par un cou trop grêle, elle donne du décousu au cheval et peut fausser la régularité de ses allures. De leur côté, la croupe étroite et pointue, les cuisses plates et maigres, ne peuvent plus acquérir le développement qui leur manque. Dans toute l'économie se trahit le défaut de proportions et l'absence de ces formes harmonieuses qui constituent un bon cadre de cheval. En outre, les animaux passent subitement de cette énergie factice, de cette fierté brillante empruntée à la seule présence des organes générateurs, ils passent à un état de mollesse et d'atonie, résultat inévitable de la suppression de ces organes qui avaient déjà profondément réagi sur tout leur être. Ce qu'ils gardent seulement, c'est leur caractère souvent difficile qui les rend dangereux ou au moins peu maniables. Rarement on a obtenu un bon service d'un cheval dont les testicules ont été enlevés lorsque leur vitalité était trop éveillée, lorsque *la vie presque toute entière a été concentrée dans les parties auxquelles est dé-*

volue l'importante fonction de travailler à la reproduction de l'espèce. [1]

La castration tardive a donc une part très-fâcheuse dans les vices d'éducation des chevaux. Un écrivain a dit que cette méthode était excellente pour obtenir des rosses. Il s'est servi d'une expression dont l'expérience a démontré la justesse. M. Yvart l'a prouvé avec la dernière évidence au sujet de la race normande. D'un côté, cette opération ne saurait alors influer avantageusement *sur les formes des animaux, puisque déjà elles existent et que celles qui dépendent de la disposition du squelette sont à jamais fixées;* [2] de l'autre, elle porte un coup funeste à leur vigueur et à leur énergie, sans modifier leur caractère, s'il est déjà vicieux.

Ainsi, au point de vue des individus, la castration pratiquée tardivement a plus d'un inconvénient. Étudiée à un point de vue plus général, nous allons voir qu'elle n'est pas moins fâcheuse, et qu'elle doit être repoussée comme contraire à l'amélioration des races et à la production des chevaux d'arme.

[1] Dictionnaire usuel de Médecine vétérinaire.
[2] Maison rustique du xix siècle.

Exposons les conséquences qu'amène l'habitude de conserver entiers les poulains jusqu'à l'âge de quatre ou cinq ans.

Les propriétaires de ces animaux, par calcul ou par complaisance, les livrent à la reproduction. On conçoit que ces étalons de hasard, sans qualités, sans caractère, issus eux-mêmes d'accouplements fortuits, transmettent à leurs produits leurs vices et leur conformation défectueuse, et ne peuvent conséquemment servir qu'à provoquer l'abâtardissement et la dégénérescence.

L'élevage de ces chevaux est d'ailleurs mal aisé; il y a inconvénient à les abandonner avec les pouliches qu'ils fécondent souvent de très-bonne heure, sans profit assurément ni pour les femelles, ni pour les fruits qu'elles donnent. On les dresse fort difficilement quand le dressage est possible, et le dressage est une considération importante qui intéresse au plus haut degré la question des débouchés et surtout les remontes.

Sous ce dernier rapport, la castration tardive offre un autre inconvénient.

Plusieurs faits attentivement suivis nous

ont paru établir que tels chevaux qui seraient restés propres au trait s'ils avaient été châtrés tard, sont devenus aptes à la selle ou à deux fins lorsqu'ils ont été châtrés de bonne heure. « Le cheval non castré, ou castré à quatre ans seulement, dit M. Moll, devient, toutes choses égales d'ailleurs, plus lourd, plus massif, moins propre à la selle et au trait accéléré que l'animal castré avant l'âge de deux ans. Tel limonier serait devenu cheval de cuirassier ou de voiture, s'il avait été castré à cette époque. » Or, il est de l'intérêt des éleveurs d'avoir un cheval de selle à vendre plutôt qu'un cheval de trait.

Ainsi, développement irrégulier, conformation défectueuse, force et vigueur amoindries, caractère vicieux, difficultés dans le dressage, inconvénients pour l'amélioration, telles sont les conséquences fâcheuses de la castration tardive, conséquences qui doivent la faire abandonner comme nuisible au triple point de vue des races, des individus, des services auxquels on les destine, et par suite de l'intérêt des éleveurs.

Puisque pour toutes les raisons que nous venons d'émettre, raisons dont nos lecteurs

apprécieront, nous n'en doutons pas, la justesse, il faut se garder de châtrer tardivement, quel âge doit-on choisir en définitive ?

Si nous disions seulement : il faut châtrer
de *bonne heure*, ce ne serait pas dire assez.
Le vague de cette expression pourrait conduire à trop d'interprétations diverses.

Aussi serons-nous explicites, et dirons-nous
clairement aux éleveurs :

Pour éviter tous les inconvénients signa-
lés, pour obtenir tous les avantages de la castration sans en subir les dangers, pour avoir
tous les bénéfices d'un élevage fructueux,
sans en redouter les accidents, défaites-vous
de ce préjugé que les chevaux sont meilleurs
lorsqu'ils ont conservé longtemps les organes
de la génération, et faites castrer vos poulains le plutôt possible, à l'époque la plus rapprochée de la naissance, à la mamelle enfin.

Ce conseil, nous le donnons avec d'autant
plus de conviction, que nous pouvons l'ap-
puyer d'arguments les plus irréfutables.

Et d'abord, nous avons hâte de dire ceci,
afin que la crainte de la nouveauté n'indis-
pose pas les éleveurs, cette idée de la castra-

tion à la mamelle est une idée qui a pour elle la sanction du temps et de l'expérience. Cette pratique est vulgarisée dans certains pays. En Angleterre, on est dans l'usage, dit M. de Montendre, de faire castrer les poulains de très-bonne heure, c'est-à-dire aussitôt que l'opération est faisable. Il en est de même dans la majeure partie de l'Allemagne.

Dans le pays que nous habitons, beaucoup d'éleveurs ont adopté cette méthode : ce qui les a décidés et ce qui en décidera bien d'autres sans doute, c'est que l'opération est alors sans le moindre danger. La castration pratiquée quand les poulains sont à la mamelle n'entraîne jamais d'accidents sérieux.

Voilà notre premier argument, et cet argument n'est pas à dédaigner quand on songe aux craintes dont ne peuvent s'affranchir complètement les propriétaires qui veulent faire castrer un poulain arrivé à l'âge de deux ans. A cette époque, en effet, l'opération est grave ; la mort peut en être la conséquence, tandis que dans le très-jeune âge, les organes étant encore rudimentaires, elle n'offre pas la moindre gravité et n'occasionne aucune souffrance.

4

On l'avouera, cette considération est de la plus haute importance. La castration à la mamelle sauvegarde les intérêts des éleveurs, et elle conserve pour tous les services, notamment pour l'armée, un plus grand nombre de chevaux.

D'autres considérations non moins graves militent en faveur de la suppression des testicules au moment le plus rapproché que possible de la naissance. [1]

En effet, en opérant à la mamelle, alors que les organes générateurs n'ont encore pu exercer aucune influence sur l'économie, on voit les parties dont la présence des testicules aurait activé le développement, conserver les caractères qui les distinguent chez les femelles. La tête reste légère, l'encolure et les épaules ont une conformation en tout point

---

[1] En thèse générale, la castration est praticable à tous les âges, depuis le moment de la naissance. Quand les auteurs disent et quand les éleveurs croient que les testicules ne descendent que vers le quatrième ou le sixième mois, ils prennent l'exception pour la règle. Il est facile de s'en assurer : chez presque tous les poulains, la chûte de ces organes dans les bourses suit de près la naissance. Ils remontent souvent de manière à n'être pas apercevables à l'œil, mais ils sont toujours apparents au toucher.

contraire à celle que nous avons indiquée chez les chevaux châtrés dans un âge avancé. A des formes lourdes et disgracieuses ont succédé des conditions de souplesse et d'élégance, et tandis que le développement du train antérieur est modifié dans ce sens, les parties postérieures, au contraire, acquièrent une ampleur et un développement musculeux qu'elles ne peuvent pas acquérir chez les chevaux laissés entiers ou châtrés tard.

Les hommes de science et les hommes pratiques peuvent faire des objections graves à la castration à la mamelle.

Les premiers diront : la castration à la mamelle n'est-elle pas une opération prématurée, ne nuit-elle pas au développement des membres antérieurs et surtout de la poitrine ?

Les seconds diront à leur tour : si la pratique de la castration dans le premier âge est généralement adoptée, l'avenir de l'espèce chevaline est compromis, et l'éleveur, par une opération prématurée, se prive de la possibilité d'avoir un bel étalon.

Nous allons répondre à chacune de ces objections :

Nous n'avons jamais observé que la castration hâtive ait apporté le moindre obstacle au développement de la poitrine. Nous avons suivi des chevaux châtrés à tout âge, et généralement les poulains hongrés de bonne heure se sont mieux vendus que les poulains châtrés à deux ans seulement. Le moment de la plus grande croissance est le premier âge de la vie, nous dit-on; n'est-il pas à craindre que la castration pratiquée à ce moment même ne nuise à leur croissance en les rendant malades? A cet égard, nous pouvons rassurer complètement les éleveurs. Des faits nombreux nous permettent d'affirmer que les jeunes animaux ne se ressentent nullement d'une opération qui, pratiquée sur des organes rudimentaires, ne les rend jamais malades. [1]

L'expérience et l'observation sont les juges suprêmes et démontrent que loin de nuire en rien à la conformation des diverses parties du corps, la castration à la mamelle donne,

---

[1] Le procédé *par ligature à testicules couverts* est celui qu'il faut mettre en usage dans la castration à la mamelle; c'est le plus simple, le plus facile et le moins susceptible d'occasionner des accidents.

ou, si l'on veut, n'enlève pas aux jeunes animaux la faculté de prendre toutes les conditions de taille, d'élégance et de force, qui font les bons chevaux de service.

C'est déjà un grand point qu'il demeure établi que la castration pratiquée à cet âge n'influe pas d'une manière fâcheuse; rien ne démontre que les formes des chevaux, l'ampleur de leur poitrine, le développement de leurs membres en souffrent le moins du monde.

Il doit en être nécessairement ainsi : en châtrant à la mamelle, on ne dérange aucun équilibre, on ne détruit aucune harmonie dans les fonctions vitales; dans les organes qu'on enlève réside une force inerte et passive qu'on empêche de se réveiller, voilà tout. En châtrant tard, au contraire, on détruit subitement un équilibre établi, on apporte une perturbation grave dans la répartition harmonique des forces vitales sur les diverses fonctions, en supprimant tout à coup l'une des plus importantes.

Par cette seule raison physiologique, que la castration à la mamelle ne peut nuire à la conformation des produits ni contrarier en rien leur développement, il faudrait l'adopter à cause des avantages économiques qu'elle entraîne ; il faudrait l'adopter, du moment que les poulains se font mieux, que leur dressage est plus facile, leur caractère plus doux, leur éducation moins onéreuse et plus profitable, leur vente plus assurée et plus fructueuse, moins grand le nombre des accidents qui les déparent.

Mais n'avons-nous pas de nouveaux motifs de l'adopter, s'il est prouvé qu'à cette mesure sont attachés d'autres avantages et que la conformation des individus est heureusement influencée ? S'il est prouvé que la légèreté de la tête, l'élégance de l'encolure, la finesse de la crinière, la souplesse des épaules, la hauteur du garrot, en un mot la distinction des parties antérieures, la force et le développement des parties postérieures, témoignent des effets de la suppression des organes génitaux presque immédiatement après la naissance.

Tout cela est prouvé par le raisonnement et par l'expérience. Beaucoup d'éleveurs, l'armée, les hippologues éminents l'ont reconnu, et quand nous faisons ressortir la nécessité de la castration très-hâtive , sommes-nous autre chose que l'écho de leur opinion ?

C'est surtout sous le rapport du dressage et de l'élève que cette opération ne saurait jamais être prématurée.

Dépouillés de bonne heure de l'ardeur des désirs que la nature a mis en eux, les jeunes animaux ont un caractère plus doux, plus docile, plus maniable : leur éducation est infiniment plus facile. On peut laisser les poulains en compagnie des pouliches et des juments ; on prévient les accidents auxquels les exposent leur jeunesse et la violence de leurs instincts ; on évite les tares des articulations, car nous avons vu très-souvent, même des animaux de quatre ou cinq mois, se dresser constamment sur leurs jarrets qu'ils abiment, et s'épuiser en vains efforts pour essayer de saillir leur mère. Cette considération, qui n'est pas d'une mince importance pour la question de la vente, ne doit-elle pas contribuer à faire adopter la castration à la mamelle, et faire repousser tout retard ?

Nous arrivons à la seconde objection :

La castration à la mamelle généralement adoptée compromettrait, nous dit-on, l'avenir de l'espèce chevaline. Cela est vrai : aussi faut-il faire nos restrictions.

L'espèce chevaline n'est pas assez avancée dans la voie du perfectionnement, pour fournir beaucoup de reproducteurs mâles. C'est par exception qu'elle en donne, et ces exceptions sont faciles à spécifier d'avance. Les juments de toute conformation, de toute provenance qu'on livre à la reproduction, sont en général de formes communes, et n'ont pas d'origine constatée. Les éleveurs peuvent sans nul inconvénient faire châtrer à la mamelle les produits de ces juments, la reproduction de l'espèce n'en souffrira pas. Ces poulinières ne sont pas susceptibles de donner naissance à de bons étalons.

Mais les propriétaires qui possèdent exceptionnellement une bonne jument-mère, de formes distinguées, d'aplombs irréprochables, d'une origine bien connue, bien établie et offrant des garanties, ces propriétaires devront agir différemment. Ils garderont leurs poulains entiers jusqu'à un an. A cet âge, on peut juger de l'avenir d'un cheval.

Quant aux pays de bonne production, où la race améliorée peut fournir beaucoup d'excellents étalons, nous n'avons pas autre chose à en dire, sinon que les éleveurs de ces pays n'ont qu'à imiter l'exemple des Allemands et des Anglais : garder pour la reproduction les poulains qui doivent subvenir aux besoins de la monte et des débouchés, et faire castrer tout le reste aussitôt que l'opération est possible.

CHAPITRE QUATRIÈME.

———

§ I.

Éducation. -- Ferrure. -- Manière de ferrer les Poulains qui ont les pieds tournés en dehors et en dedans, ainsi que ceux qui sont court jointés ou bas-jointés.

On a l'habitude d'entraver les jeunes animaux dans les pacages, c'est une pratique vicieuse que nous conseillons fort d'abandonner. Outre que les liens qu'on emploie fatiguent les membres et peuvent être la cause de tares très-graves et de chutes dangereuses, ils empêchent les poulains de prendre leurs ébats et de mettre en jeu leurs forces naissantes par un exercice nécessaire à leur développement. Il vaut mieux faire garder les animaux ou clore les prairies, ou encore les attacher au piquet, bien que ce dernier moyen ne soit pas sans inconvénient, et qu'ils puissent se blesser soit au piquet lui-même, soit à la corde qui les attache.

Souvent les poulains ont un défaut de conformation assez grave qui peut nuire beaucoup à la solidité de leurs membres antérieurs. Ils ont les pieds tournés en dehors ; ils sont, d'après l'expression adoptée, *panards*. La tendance à ce vice dans les aplombs se manifeste de bonne heure ; en prenant à temps quelques précautions, on peut le pallier et parfois même le guérir. C'est aux personnes qui élèvent de jeunes chevaux que ce soin appartient.

Quand on s'aperçoit qu'un poulain est fortement panard, il faut essayer de remédier par une ferrure convenable à la déviation de ses pieds. On remarque que ces animaux usent beaucoup plus le quartier interne que le quartier externe ; aussi ce dernier est-il beaucoup plus élevé que l'autre. L'indication la plus rationnelle est d'attacher, à l'aide de clous minces, une moitié de fer sur le quartier interne seulement. Celui-ci ne peut plus s'user alors, et reprend bientôt le niveau du quartier externe qui, portant seul sur le sol, s'use assez rapidement. A mesure que les quartiers prennent la même élévation, les pieds rentrent dans leur position normale, et la déviation en dehors disparaît.

La déviation en dedans est plus rare; on la combat par une méthode opposée, c'est-à-dire en ferrant le quartier externe seulement.

Ajoutons, pour rester dans le vrai, que la ferrure remédie à ces accidents lorsqu'ils intéressent simplement le pied et les articulations inférieures; mais lorsque la déviation en dehors ou en dedans part du coude, c'est-à-dire de l'extrémité supérieure du membre, c'est alors un défaut d'aplombs qu'il faut renoncer à corriger.

Certains poulains usent beaucoup en pince, l'été surtout, lorsqu'ils sont abandonnés tous les jours au pacage. Leurs pieds sont très-courts, et les talons, présentant peu de prise à l'usure, offrent une élévation considérable. Dans ces conditions, les jeunes animaux ont de la tendance à devenir droits sur leurs boulets; il est urgent alors de ne pas tarder à les

faire ferrer. Les précautions à prendre dans
ces circonstances, sont d'abattre les talons et
de laisser le fer un peu long en pince, de
manière à favoriser l'allongement de cette
partie du pied.

Lorsque les poulains ont le défaut contraire, c'est-à-dire lorsqu'ils sont *bas-jointés;*
on pare la pince, on laisse aux talons toute
leur hauteur, et au besoin on fait placer des
crampons aux éponges du fer. Du reste, à
moins qu'il ne soit exagéré, il ne faut pas
trop s'inquiéter de ce défaut; il tend à disparaître à mesure que les sujets grandissent
et prennent de la force. On doit commencer
à ferrer régulièrement les jeunes animaux à
vingt-six ou trente mois.

§ II.

Indications relatives au Dressage.

C'est alors aussi qu'on doit commencer à
les dresser, non pas en les montant comme
on en a malheureusement trop l'habitude,
mais bien en les attelant. Comme ils sont des-

tinés à devenir des chevaux à deux fins, il vaut mieux que leur dressage s'effectue au trait que sous le cavalier. Ce conseil s'appuie d'un double motif péremptoire.

Premièrement, en les montant, on fatigue beaucoup leurs articulations, les boulets des membres antérieurs surtout.

Secondement, un cheval habitué au trait se laisse presque toujours facilement monter, tandis qu'un cheval accoutumé seulement à la selle, fait le plus souvent de grandes difficultés pour traîner.

Dans les exercices auxquels on soumettra les jeunes animaux dès le principe, on les traitera toujours avec la plus grande douceur. C'est le moyen d'obtenir d'eux plus de soumission. La crainte, comme on l'a dit, est le sentiment qu'ils acquièrent le plus vite, et c'est le dernier qu'il faudrait leur inspirer. Il faut leur donner de la confiance pour les dresser facilement; ils sont sensibles aux bons traitements et aux caresses, et rien ne gâte leur caractère comme de les châtier mal à propos.

Les éleveurs s'y prennent fort mal en général pour habituer les chevaux à traîner; ils les attèlent à une charrette fort lourde, les fouettent pour les faire avancer ; et ils enrayent fortement la charrette lorsque les jeunes sujets, qui ne savent pas ce qu'on leur demande, font quelques mouvements désordonnés. C'est tout à fait le contre-pied de la marche à suivre.

Après les avoir habitués quelque temps à l'avance à porter les harnais, il faut leur faire traîner d'abord un morceau de bois, puis un véhicule très-léger. Il est de toute rigueur de procéder ainsi par gradation, sans quoi on s'expose à des accidents ou à des résistances opiniâtres, qu'il devient quelquefois même impossible de surmonter.

APPENDICE.

Avant de clore ces instructions, nous avons cru devoir, dans un court appendice, dire un mot des vices rédhibitoires et de la manière de procéder dans les contestations qui s'élèvent à propos de ventes et échanges des chevaux. Les producteurs et les éleveurs, à qui ce livre est destiné, sont nécessairement plus ou moins commerçants ; à ce titre, ils pourront trouver quelque intérêt à lire cette note additionnelle, et ils nous sauront gré peut-être des indications utiles que nous essayons de leur donner.

§ I.

De la connaissance des vices rédhibitoires des chevaux.

Dans le commerce des animaux plus que dans tout autre, l'acheteur ne peut pas immédiatement s'assurer d'une manière complète de la qualité de l'objet qui lui est vendu. Il court la chance d'être trompé.

Pour diminuer cette chance, la loi impose au vendeur des obligations, une surtout : c'est celle de vendre l'objet exempt de certains *défauts*.

Si cet objet, c'est-à-dire l'animal vendu, porte

ces défauts, l'acheteur a un *droit* contre son vendeur.

Ce droit est la GARANTIE. Ces défauts sont les VICES RÉDHIBITOIRES.

La garantie a pour effet de provoquer la résiliation du marché lors de l'existence de l'un de ces vices ; elle doit nécessairement avoir une limite. Afin que l'acheteur ne pût pas détériorer la chose vendue, la loi a fixé un délai, passé lequel, il perd son droit. Ce laps de temps forme ce qu'on nomme *la durée de la garantie.*

Pour qu'un vice soit rédhibitoire, il faut 1° qu'il soit antérieur à la vente ; 2° qu'il soit caché au moment où elle s'accomplit ; 3° qu'il rende l'animal impropre à l'usage auquel on le destine.

Les maladies auxquelles la loi du 20 mai 1838 reconnaît ce triple caractère, pour le cheval, l'âne et le mulet, sont :

La FLUXION PÉRIODIQUE DES YEUX. Nommée vulgairement la *lune*, elle affecte les jeunes chevaux de très bonne heure quelquefois ; elle est généralement incurable, se termine presque toujours par la perte de la vue et se manifeste par accès plus ou moins éloignés ;

L'ÉPILEPSIE OU MAL CADUC. C'est une maladie fort grave, se présentant également par accès pendant les intervalles prolongés desquels aucun symptôme ne la signale.

La MORVE. De toutes les affections rédhibitoires c'est la plus funeste, en ce qu'elle est contagieuse

pour les animaux et même pour les hommes ; elle
se reconnaît aux signes suivants : jetage purulent
par le nez ordinairement d'un seul côté, et le
plus souvent du côté gauche ; chancres sur la mem-
brane nasale et engorgement des glandes si-
tuées sous la ganache. La loi est très sévère relativement à cette maladie. Non seulement il est
défendu de vendre un cheval morveux, mais encore on ne peut pas, sans s'exposer à des peines
rigoureuses, *exposer en vente* des animaux *suspects*
de morve.

Le FARCIN. Il se montre sous forme de boutons de
corde, de gonflements ou d'ulcères. La nature contagieuse, la gravité de ce mal qui peut être caché
au moment de la vente, l'ont fait classer à juste titre parmi les vices rédhibitoires.

La VIEILLE COURBATURE ou phthisie pulmonaire.
C'est une maladie de poitrine ancienne qui peut être
cachée lors de la vente, surtout lorsqu'elle existe à
son premier période et qui peut néanmoins ame-
ner en très peu de temps la mort de l'animal qui en
est affecté.

L'IMMOBILITÉ. Elle consiste dans un état particulier, non permanent, de stupeur et de somno-
lence du cheval, qui fait dire en terme vulgaire,
qu'il est *imbécile*. Cet état qui se lie à une lésion
organique intéressant le système nerveux et qui
diminue notablement la valeur des animaux, les
surprend au milieu de leurs repas ou de leurs travaux, les empêche de manger, d'avancer, de re-

culer surtout, et les porte, quand on veut les violenter dans ces circonstances, à des mouvements désordonnés que rien ne saurait maîtriser et qui peuvent être extrêmement dangereux pour les conducteurs.

La POUSSE. C'est de tous les vices celui qui donne le plus souvent lieu à contestation. Il est d'ailleurs assez fréquent, et c'est parce que tout le monde se croit apte à le reconnaître, qu'il occasionne tant de procès. La pousse se caractérise par une altération plus ou moins sensible du flanc à laquelle on a donné les noms de *soubresaut*, *coup-de-fouet*, *contre-temps*, et par une toux petite, sèche, quinteuse, avec ou sans rappel, dont le timbre particulier ne peut échapper à une oreille habituée.

Le CORNAGE. On donne ce nom à un ronflement plus ou moins intense qui se fait entendre après un exercice quelquefois peu prolongé et qui est dû à une difficulté de la respiration. On appelle *corneur* le cheval affecté de ce vice.

Le TIC SANS USURE DES DENTS. C'est une habitude vicieuse sous l'influence de laquelle le cheval contracte fortement son cou et fait entendre un bruit particulier appelé éructation, dû à l'expulsion brusque de gaz de l'estomac. Outre que cette habitude est extrêmement désagréable, elle est fâcheuse en ce qu'elle peut dépendre d'un état maladif assez difficile à spécifier. Le tic que nous venons de décrire est encore nommé *le tic en l'air*. Le tic sur la mangeoire, le timon ou tout autre corps dur, n'est pas rédhibitoire parce qu'il est reconnaissable à l'usure des dents.

LES HERNIES INGUINALES INTERMITTENTES. Elles constituent un vice propre aux chevaux entiers, très rare chez les chevaux hongres, qui se trahit par la présence, dans les bourses, d'une tumeur susceptible de se manifester et de disparaître d'une manière très irrégulière, et d'occasionner la mort dans certaines circonstances.

LES BOITERIES INTERMITTENTES POUR CAUSE DE VIEUX MAL. On appelle ainsi des claudications fort variables quant à leur nature et quant à leur origine ordinairement graves, souvent incurables. Elles comptent au nombre des vices pouvant donner lieu à la résiliation du marché, à cause de l'intermittence qui les caractérise.

§ II.

Manière de procéder dans le cas de vices rédhibitoires.

Ces diverses maladies, dont nous venons de donner une idée succinte, ne se montrent point chez les animaux en bas âge, quoique souvent ils en portent le germe. Aussi, les producteurs qui vendent les poulains de bonne heure sont-ils bien rarement exposés aux conséquences de la garantie. Les vices qui les premiers peuvent atteindre les jeunes sujets sont: la fluxion périodique des yeux, les hernies inguinales intermittentes et l'épilepsie, et encore ne se manifestent-ils guère avant l'accomplissement de la première année.

Lorsqu'un propriétaire a fait l'acquisition d'un cheval et qu'il le suppose atteint d'un vice rédhibitoire, il doit adresser au juge de paix du lieu où se trouve l'animal une requête [1] dans laquelle il demande la nomination d'experts pour en constater l'état. Il est indispensable que la présentation de cette requête, la nomination des experts et l'enregistrement de ces pièces, ait lieu dans le délai de la garantie. Ce délai est de TRENTE JOURS pour la fluxion périodique et pour l'épilepsie; il est de NEUF jours pour tous les autres cas.

Mais, en même temps qu'il provoque la nomination de l'expert, l'acheteur doit de toute nécessité *intenter l'action* dans le délai prescrit, c'est-à-dire *assigner le vendeur à comparaître devant le tribunal compétent, à tel jour, pour s'y voir condamné à reprendre l'animal qu'il a vendu, attendu le vice rédhibitoire dont il est atteint.*

---

[1] Voici en quels termes sera rédigée cette requête qui devra être faite sur papier timbré.

A M. le juge de paix de

Le soussigné... (nom, prénoms, profession et demeure), a l'honneur d'exposer que.... (date de la vente), il a acheté du sieur.... (nom, etc., du vendeur), au prix de.... un animal (désignation et signalement.)

Cet animal paraissant atteint d'un vice rédhibitoire (désignation du vice), le requérant vous prie, Monsieur le juge, de vouloir nommer un vétérinaire pour expert, afin de constater les vices dont il peut être affecté et dresser procès-verbal sur lequel il sera statué ce que de droit.

Fait à.... le....   Signature.

C'est la demande introductive d'instance. Si le vendeur est marchand de chevaux, l'acheteur a le droit de porter cette demande soit au tribunal de commerce du domicile du défendeur, soit à celui dans l'arrondissement duquel la promesse de vente a été faite et la marchandise livrée, soit enfin à celui dans l'arrondissement duquel le paiement devait être effectué.

Si le vendeur n'est pas marchand de chevaux, la demande introductive d'instance doit être faite devant le tribunal civil du domicile du défendeur.

Dans ces différents cas, si la valeur de l'animal n'excède pas cent francs, les actions en rédhibition sont de la compétence des tribunaux de paix.

Pour que le procès-verbal soit valable, il faut que l'expert ait prêté serment devant le magistrat qui l'a nommé.

Dans une affaire portée devant le tribunal civil, l'assistance d'un avoué est indispensable.

A dater de la demande en garantie, l'acheteur doit mettre l'animal en fourrière puisque c'est une propriété en litige, et pour qu'on ne puisse lui imputer les détériorations qui pourraient survenir.

La garantie n'a pas lieu dans les ventes faites par autorité de justice.

Telles sont les indications essentielles qu'il faut connaître pour faire valoir ses droits dans le cas de vices rédhibitoires. Ajoutons, avant de terminer, que si l'acheteur et le vendeur sont voisins et s'ils veulent s'entendre, ils peuvent éviter tout procès et même toute contestation devant le juge de paix, en choisissant eux-mêmes, pour arbitres, des vétérinaires qui jugent l'affaire avec beaucoup moins de frais. Cette manière de procéder est préférable à toute autre, quand les parties sont d'accord et qu'elles s'engagent, par un compromis, à conférer aux vétérinaires de leur choix le droit de les juger sans appel. N'est-ce pas en définitive le procès-verbal des experts-vétérinaires qui décide toujours dans ces sortes de procès ?

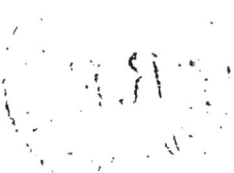

TABLE DES MATIÈRES.

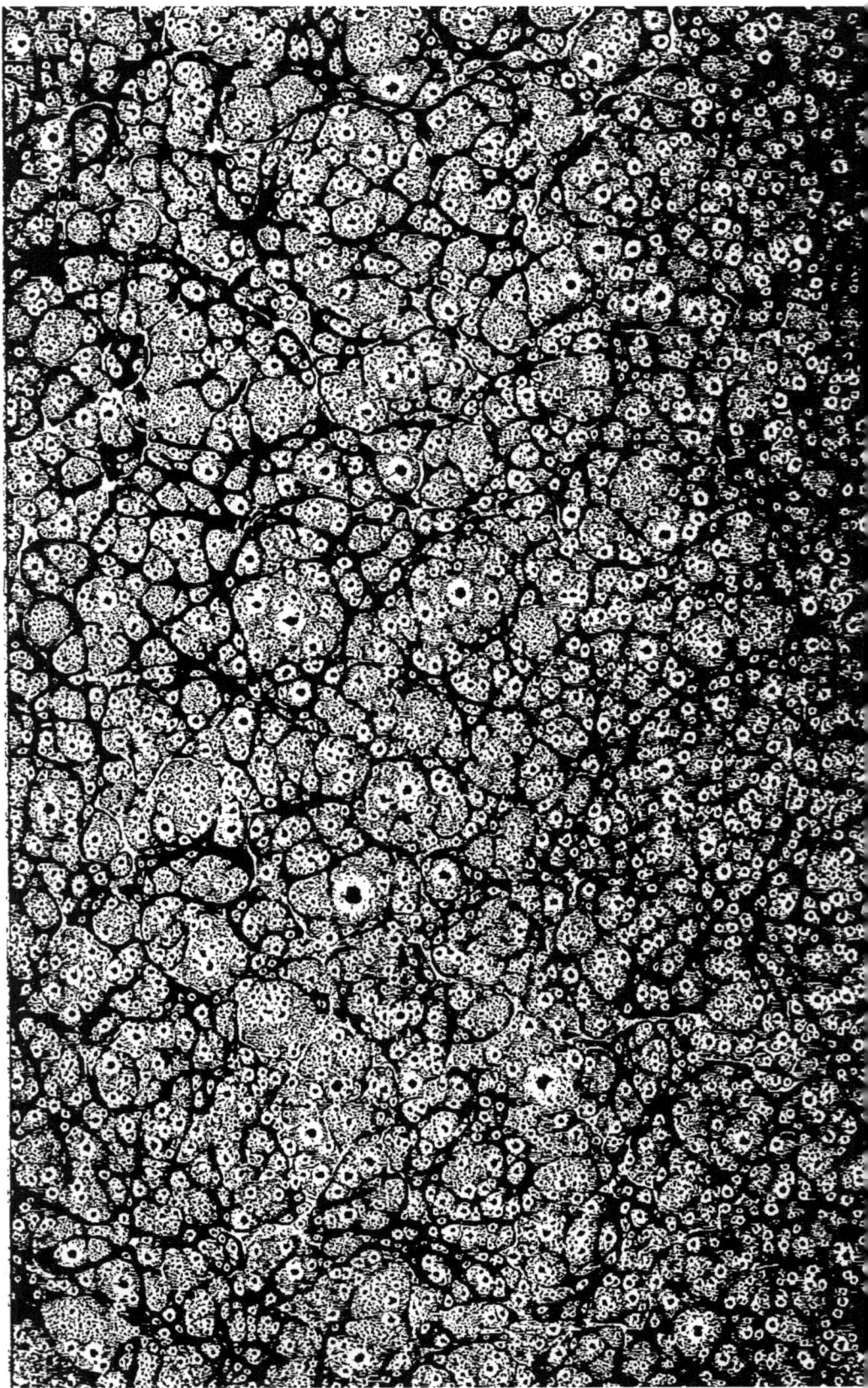

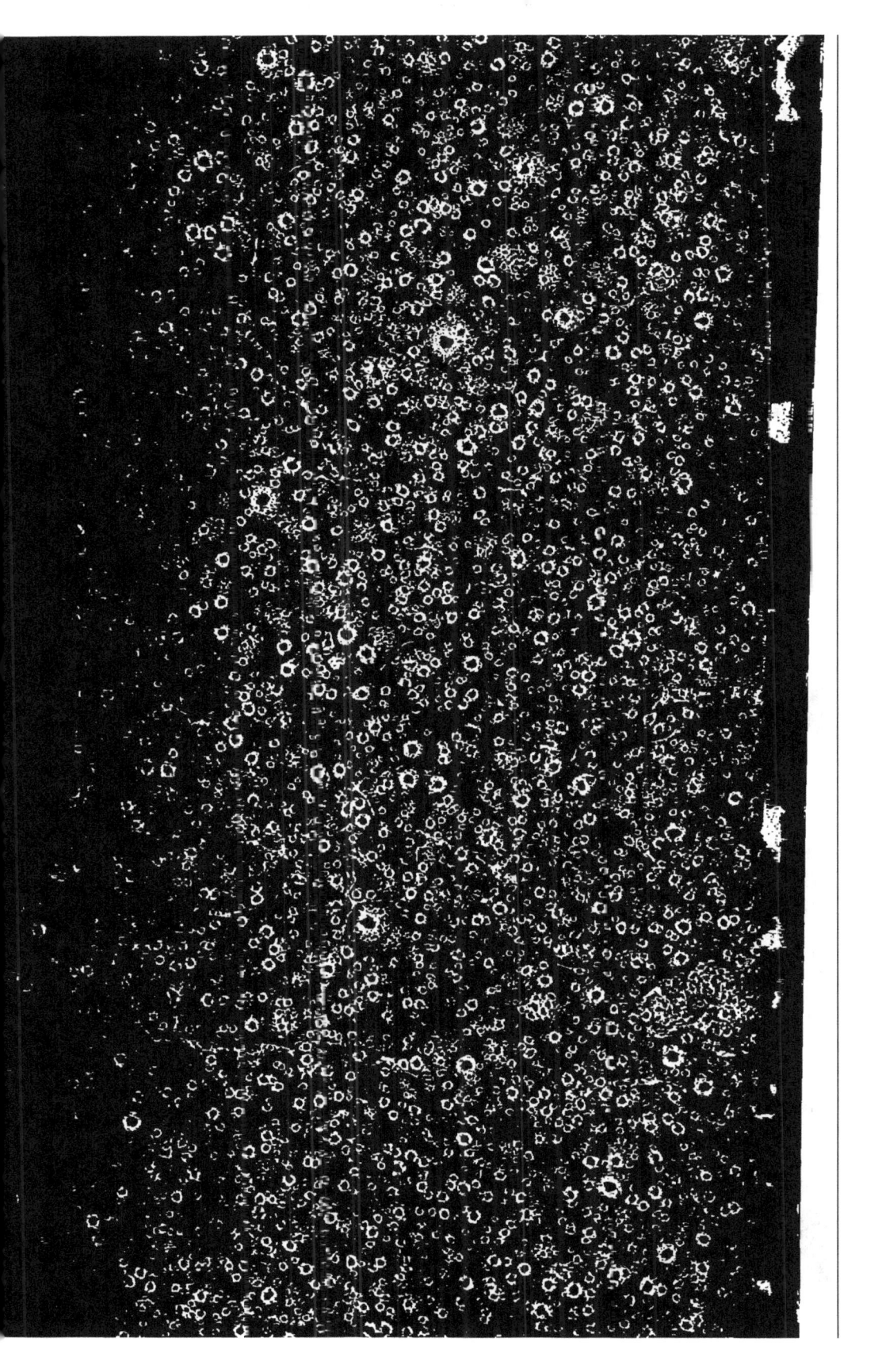

www.ingramcontent.com/pod-product-compliance
Lightning Source LLC
Chambersburg PA
CBHW071220200326
41519CB00018B/5615